NussKnacker 4

Mein Arbeitsheft

Herausgeber
Peter Herbert Maier, Karlsruhe

Autoren
Anja Bever, Köln
Kathrin Diestel, Überlingen
Karl Landherr, Thannhausen
Frank Lippmann, Auerbach/Vogtl.
Uwe Neißl, Kraichtal
Mirco Redlich, Schiffdorf

Berater
Frithjof Andersen, Leipzig
Sebastian Connette, St. Ingbert
Johannes Groß, Dillingen
Annette Hellmer, Göttingen
Silke Hesemann, Bremen
Kirsten Hoschke, Greußen
Anke Jilek, Meiningen
Sandra Keuken, Stuttgart
Teresa Kunter, Herrenberg
Andrea Peter-Wehner, Halle
Katja Poser-Kempe, Chemnitz
Monika Schoy-Lutz, Gottlieben
Ruth Wörner-Ernst, Straubenhardt

Ernst Klett Verlag
Stuttgart · Leipzig

Vorwissen: Was kann ich schon?

1 Wie geht es weiter?

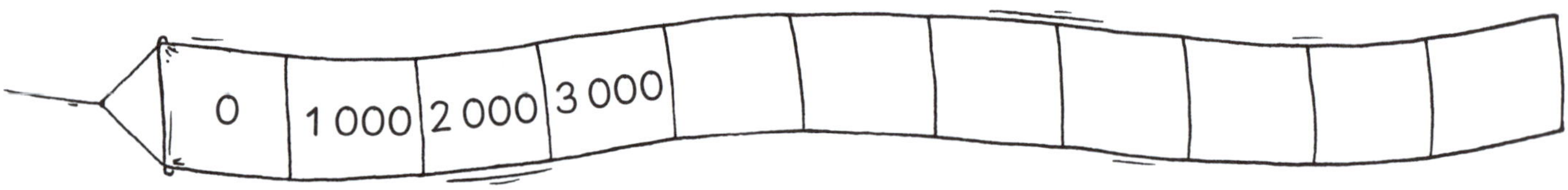

2 Es gehören immer 4 Karten zusammen. Färbe.

583

H	Z	E
3	5	8

H	Z	E
5	8	3

T	H	Z	E
4	6	9	0

358

T	H	Z	E
8	7	0	0

T	H	Z	E
3	0	0	0

T	H	Z	E
7	8	3	4

3 000

dreitausend

siebentausendachthundert-vierunddreißig

achttausendsiebenhundert

dreihundertachtundfünfzig

viertausendsechshundert-neunzig

fünfhundertdreiundachtzig

8 700

T	E	H	Z
8	0	7	0

T	H	E	Z
4	6	0	9

H	E	Z	T
8	4	3	7

4 690

E	H	Z
8	3	5

Z	H	E
8	5	3

Z	T	H	E
0	3	0	0

7 834

3 a)

+	50	72	350	1 000
75				
220				
	630			
		722		

b)

·	10	60	90	1 000
3				
7				
	80			
		600		

1

+	3	7	9
315			
287			
649			

+	20	50	40
142			
506			
837			

+	18	49	64
420			
736			
917			

2 Schreibe auf, wie du rechnest.

296 + 7 = ______ 548 + 93 = ______ 370 + 480 = ______

3 Kontrolliere mit den Lösungszahlen. Eine Zahl bleibt jeweils übrig.

a) 395 + 8 = ______
298 + 4 = ______
399 + 6 = ______
294 + 9 = ______
302 303 305 403 405

b) 682 + 50 = ______
791 + 30 = ______
747 + 80 = ______
663 + 70 = ______
731 732 733 821 827

c) 479 + 48 = ______
456 + 66 = ______
582 + 29 = ______
537 + 84 = ______
522 524 527 611 621

d) 350 + 560 = ______
550 + 390 = ______
790 + 170 = ______
240 + 680 = ______
910 920 940 950 960

4 Finde verschiedene Aufgaben mit demselben Ergebnis.

555	627			
+ 336	+	+	+	+
891	891	891	891	891

+	+	+	+	+
704	704	704	704	704

Subtrahieren

1

–	4	9	6
163			
470			
895			

–	30	70	50
286			
999			
772			

–	27	35	59
380			
874			
561			

2 Schreibe auf, wie du rechnest.

405 – 7 = ______ 136 – 69 = ______ 620 – 370 = ______

3 Kontrolliere mit den Lösungszahlen. Eine Zahl bleibt jeweils übrig.

a)	b)	c)	d)
503 – 7 = ______	413 – 20 = ______	221 – 46 = ______	780 – 460 = ______
601 – 5 = ______	438 – 60 = ______	105 – 87 = ______	640 – 330 = ______
502 – 9 = ______	352 – 80 = ______	168 – 99 = ______	810 – 440 = ______
606 – 8 = ______	344 – 70 = ______	236 – 58 = ______	950 – 590 = ______
493 494 496 596 598	272 274 378 388 393	18 69 175 178 188	310 320 350 360 370

4 Finde verschiedene Aufgaben mit demselben Ergebnis.

5 9 7	4 3 4			
– 3 1 2	–	–	–	–
2 8 5	2 8 5	2 8 5	2 8 5	2 8 5

–	–	–	–	–
4 4 4	4 4 4	4 4 4	4 4 4	4 4 4

1 Ergänze.

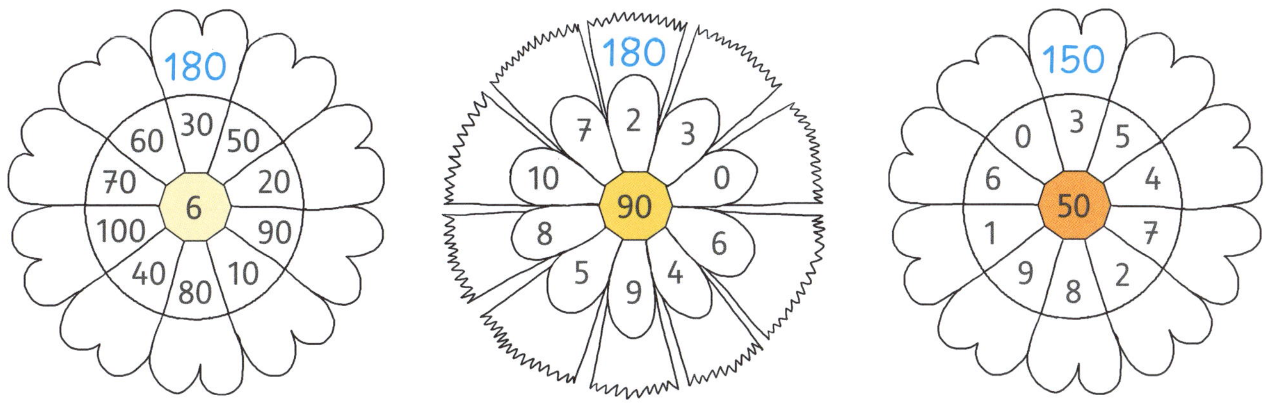

2 Schreibe auf, wie du rechnest.

8 · 19 = ______ 7 · 34 = ______ 65 · 9 = ______

3 Kontrolliere mit den Lösungszahlen. Eine Zahl bleibt jeweils übrig.

a) 6 · 13 = ______
4 · 24 = ______
2 · 47 = ______
7 · 12 = ______
78 82 84
94 96

b) 8 · 16 = ______
3 · 47 = ______
5 · 28 = ______
9 · 17 = ______
128 140 141
148 153

c) 75 · 3 = ______
32 · 7 = ______
44 · 5 = ______
29 · 8 = ______
218 220 224
225 232

d) 89 · 5 = ______
71 · 6 = ______
56 · 9 = ______
98 · 4 = ______
392 426 445
504 522

4

a) Addiere zum 5-Fachen von 90 das 4-Fache von 80. ______

b) Subtrahiere vom 7-Fachen von 70 das 8-Fache von 61. ______

c) Multipliziere das 6-Fache von 15 mit dem Doppelten von 4. ______

1 Ergänze.

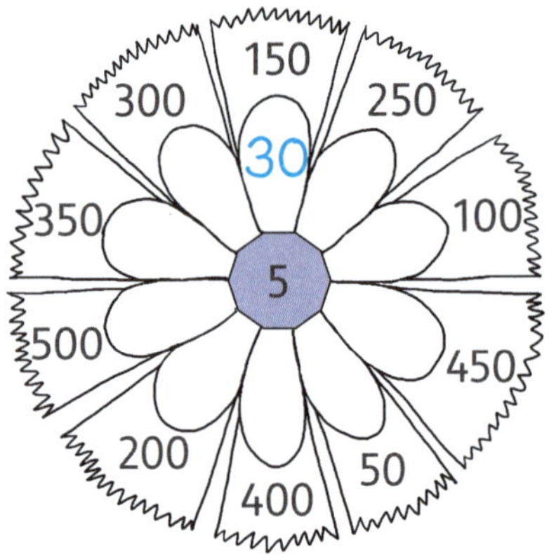

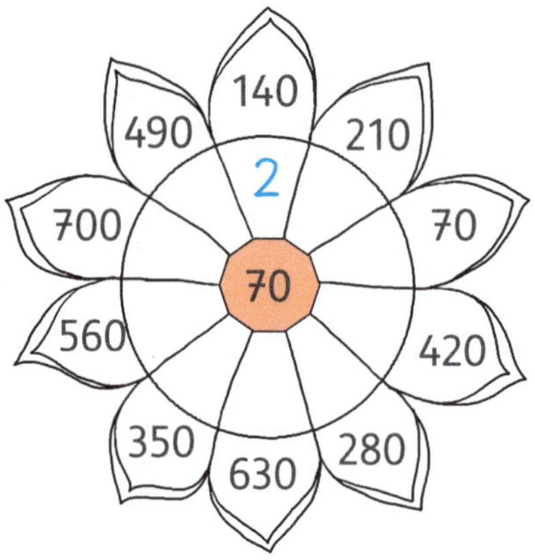

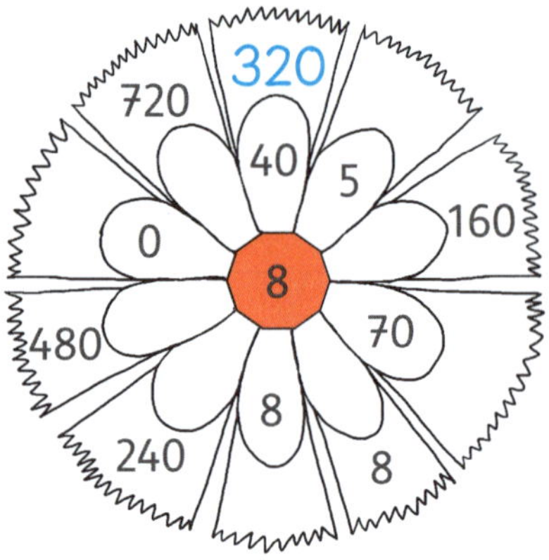

2 Schreibe auf, wie du rechnest.

56 : 2 = ___ 132 : 4 = ___ 216 : 9 = ___

3 Finde Rechenfehler und korrigiere sie.

a)
99 : 3 = 33 ✓
148 : 4 = ~~36~~ 37
116 : 2 = 58
135 : 5 = 27

b)
96 : 6 = 14
216 : 8 = 28
133 : 7 = 19
288 : 9 = 32

c)
190 : 2 = 95
316 : 4 = 74
504 : 8 = 53
315 : 7 = 45

4 a)

:	2	4	6
120	60		
121	60 R1		
122			
123			

b)

:		8	4
480	80		
		60 R1	
			120 R2
483			

1

a)
___
130 | ___
80 | 50 | 70

b)
___
___ | ___
90 | 60 | 30

c)
___
___ | ___
170 | 130 | 180

d)
320
___ | 150
___ | ___ | 60

e)
580
230 | ___
120 | ___ | ___

f)
940
___ | 560
90 | ___ | ___

2

a)
___
___ | ___
___ | ___ | ___
60 | 70 | 80 | 90

b)
___
___ | ___
___ | ___ | ___
50 | 140 | 130 | 40

c)
790
___ | 510
___ | 135 | ___
95 | ___ | 85 | ___

d)
620
315 | ___
___ | 150 | ___
___ | 60 | ___ | 65

e)
885
___ | 415
___ | ___ | 160
80 | ___ | 120 | ___

3 Löse durch Probieren. Verwende nur Zehnerzahlen.

a)
700
___ | ___
50 | ___ | 90

b)
700
___ | ___
80 | ___ | 60

c)
700
___ | ___
30 | ___ | 110

d)
800
___ | ___
___ | 140 | ___
200 | ___ | ___ | 180

e)
800
___ | ___
___ | 160 | ___
150 | ___ | ___ | 170

f)
800
___ | ___
___ | 190 | ___
110 | ___ | ___ | 120

4 Setze zu einer großen Rechenmauer zusammen.

85	530	60	135	220
280	55	1 000	165	105
5	250	470	80	115

___
___ | ___
___ | ___ | ___
___ | ___ | ___ | ___
___ | ___ | ___ | ___ | ___

Malpyramiden

1

a)
|
20 |
4 | 5 | 2

b)
|
 |
7 | 2 | 5

c)
|
 |
2 | 4 | 10

d)
|
 |
9 | 0 | 8

e)
|
 |
1 | 3 | 5

f)
|
 |
3 | 6 | 1

g)
|
 |
7 | 2 | 2

2

a)
180
 | 6
 | 3 |

b)
120
4 |
 | 2 |

c)
810
 | 9
30 | |

d)
320
8 |
 | | 20

e)
90
 | 5
 | 1 |

f)
252
6 |
3 | |

g)
98
 | 7
 | | 1

3 Löse durch Probieren.

a)
540
 |
 | 1 |

b)
540
 |
 | 2 |

c)
540
 |
 | 3 |

d)
540
 |
 | |

e)
240
 |
 | 1 |

f)
240
 |
 | 2 |

g)
240
 |
 | 4 |

h)
240
 |
 | |

1

Hohe Türme, berühmte Türme, alte Türme

Tokyo Skytree, Tokio, Japan. Mit 634 m Höhe ist er der höchste Fernsehturm der Welt. Die oberste Aussichtsplattform befindet sich auf 450 m. Eine weitere befindet sich 100 m darunter.

Fernsehturm, Berlin, Deutschland. Der 368 m hohe Turm auf dem Alexanderplatz ist der höchste in Deutschland. Die Aussichtsplattform ist in 204 m Höhe. Das Restaurant „Sphere" dreht sich 15-mal am Tag um die eigene Achse und bietet wunderbare Rundumsichten.

Eiffelturm, Paris, Frankreich. Der Eiffelturm wurde bereits 1889 zur Weltausstellung erbaut und war damals das höchste Bauwerk der Welt. Er ist 300 m hoch. Später wurde noch eine 24 m hohe Antenne aufgesetzt. Plattformen gibt es in 58 m, 115 m und 276 m Höhe.

a) Schreibe die Informationen über die Türme in die Tabelle.

Name des Turms	Stadt	Höhe in Metern	Höhe der Aussichtsplattform 1.	2.	3.
Tokyo Skytree	Tokio				–

b) Welche Lösungshilfe passt zu welcher Frage? Verbinde, löse und antworte.

F: Wie hoch ist der Eiffelturm mit Antenne?

A: ____

____

F: Wie viele Meter ist der Tokyo Skytree höher als der Berliner Fernsehturm und wie viele Meter höher als der Eiffelturm?

A: ____

____

____

____

F: Wie oft dreht sich das Restaurant „Sphere" in 4 Tagen?

A: ____

____

L:

Tag	Drehungen
1	
2	

L:

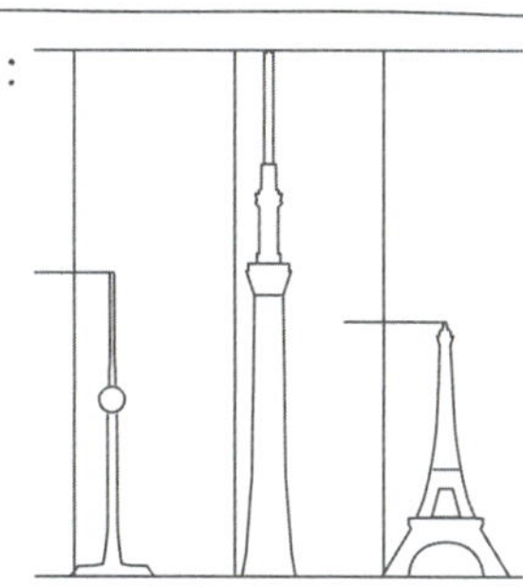

L: 300 m + ______ m = ______ m

1 Welche Zahlen sind dargestellt? Trage sie in die Stellenwerttafel ein.

a)
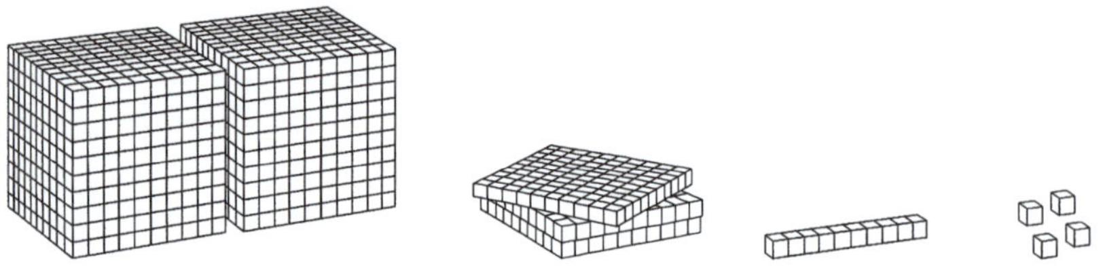

T	H	Z	E	Zahl
2	3	1	4	2 314

b)
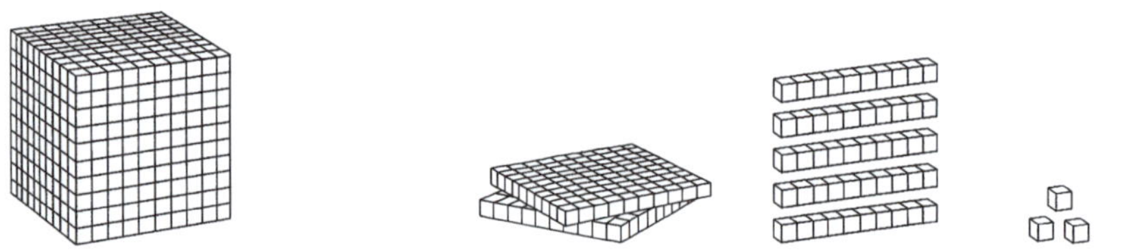

T	H	Z	E	Zahl

c)
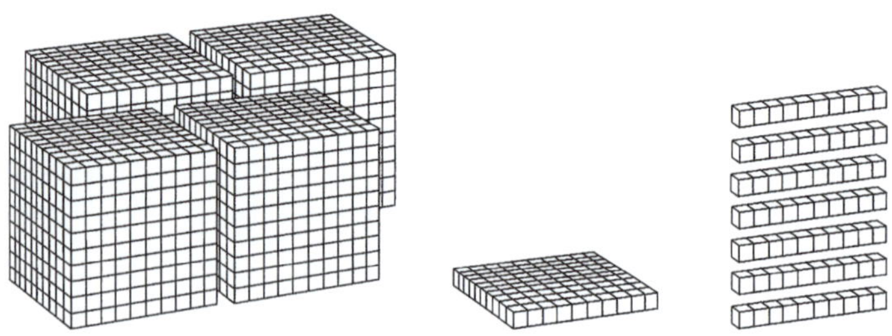

T	H	Z	E	Zahl

d)

T	H	Z	E	Zahl

e)
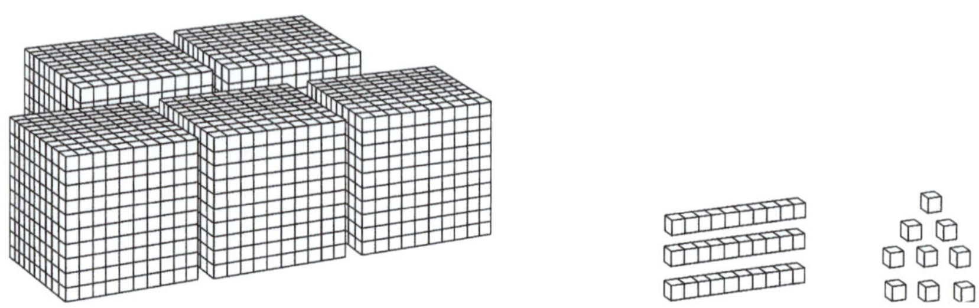

T	H	Z	E	Zahl

2 Wie heißen die Zahlen?

a)

T	H	Z	E
7	1	5	4

7154

T	H	Z	E
3	2	8	9

___

T	E	H	Z
6	1	5	3

___

H	E	Z	T
2	9	8	3

___

b)

T	H	Z
1	0	7

___

E	Z	T
4	8	9

___

H	E	T
2	8	5

___

E	T
9	3

___

1 Wie viele Millimeterquadrate sind es jeweils?

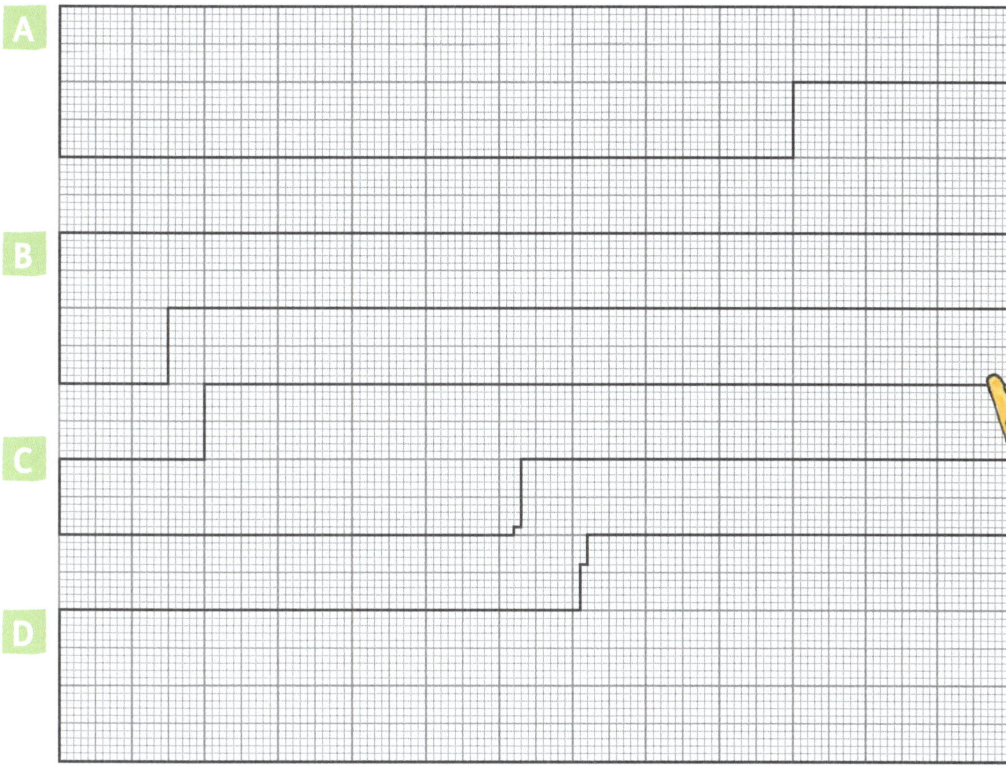

A ________ B ________ C ________ D ________

2 Stelle die Zahlen auf Millimeterpapier dar.

A 1 200   B 2 370   C 1 597   D 3 468

1 Ergänze die Steckbriefe.

3 174

T	H	Z	E

3 000 + 100 + 70 + 4

______
______
______

______

T	H	Z	E
8	5	0	6

___ + ___ + ___ + ___

______
______
______

______

T	H	Z	E

___ + ___ + ___ + ___

zweitausend-
einundsechzig

______

T	H	Z	E
7	9	3	5

___ + ___ + ___ + ___

______
______
______

______

T	H	Z	E

___ + ___ + ___ + ___

viertausend-
sechshundert-
neunundsechzig

______

T	H	Z	E

5 000 + 300 + 0 + 2

______
______
______

2 3 Steckbriefe wurden zerschnitten. Was gehört zusammen? Verbinde und ergänze.

4 207

______
______
______

zweitausend-
einhundert-
neunundsechzig

T	H	Z	E
4	2	0	7

T	H	Z	E

8 000 + 400 + 50 + 3

4 000 + 200 + 0 + 7

2 169

T	H	Z	E
2	1	6	9

8 453

achttausend-
vierhundert-
dreiundfünfzig

___ + ___ + ___ + ___

1 Ordne zu.

4 600 | 4 650 | 4 780 | 4 890 | 5 000 | 5 250 | 5 370 | 5 460

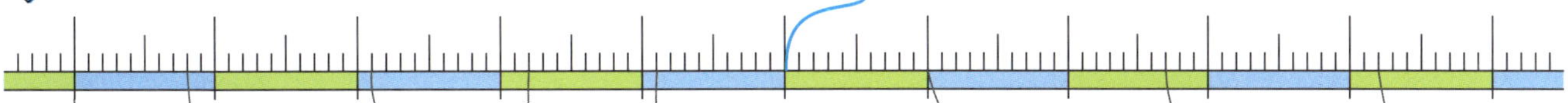

☐ | ☐ | ☐ | ☐ | ☐ | 5 100 | ☐ | ☐

2 Setze <, > oder = ein.

a)
2 240 ◯ 2 420
3 100 ◯ 3 110

4 100 ◯ 4 110
5 860 ◯ 5 960

1 970 ◯ 1 970
8 900 ◯ 9 800

b)
6 652 ◯ 6 370
8 009 ◯ 9 899

6 985 ◯ 1 975
7 502 ◯ 7 505

1 251 ◯ 1 312
4 736 ◯ 3 746

c)
3 425 ◯ 3 525
1 436 ◯ 1 463

6 506 ◯ 6 507
5 678 ◯ 5 688

8 967 ◯ 8 769
2 016 ◯ 2 060

d)
2 016 ◯ 2 015
8 123 ◯ 8 231

9 654 ◯ 9 654
1 203 ◯ 1 023

7 435 ◯ 7 473
5 300 ◯ 5 030

3 Ordne die Zahlen nach der Größe. Beginne mit der kleinsten Zahl.

1 743, 3 147, 1 734, ~~1 374~~, 1 473, 3 174

1 374
_____
_____
_____
_____
_____

6 325, 6 532, 3 608, 3 068, 8 306, 6 308

_____ (6 Zeilen)

5 170, 7 501, 5 071, 5 107, 7 105, 7 051

_____ (6 Zeilen)

4

V	↓	N
4 720	4 721	
	3 168	
	8 650	
	1 500	

V	↓	N
	5 316	
	2 798	
	9 600	
	7 099	

V	↓	N
1 009		
		5 301
6 659		
		10 000

Zahlenstrahl bis 10 000

1

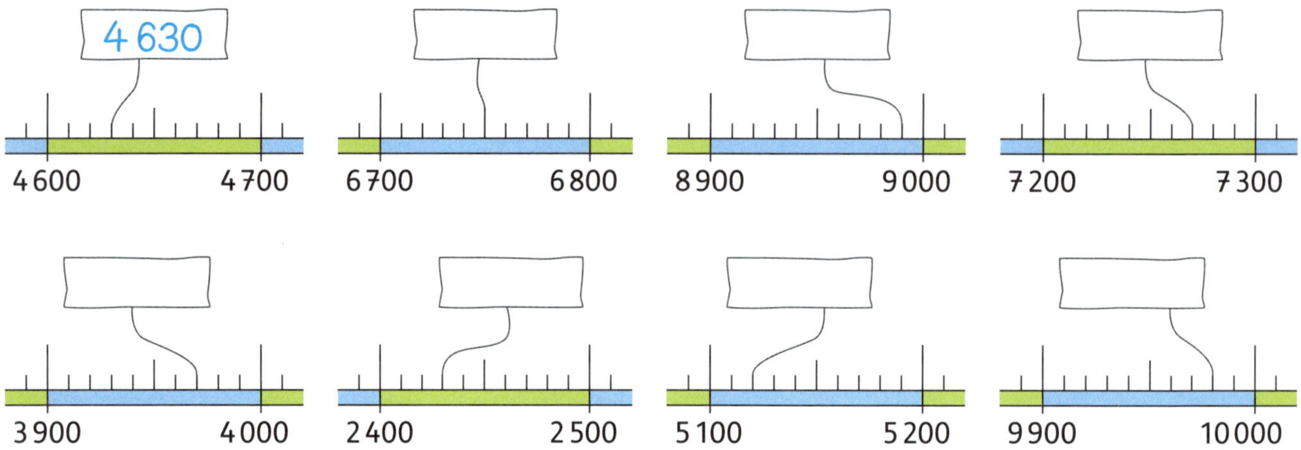

2

NZ	↓	NZ
6 720	6 721	
	2 168	
	7 650	
	9 999	

NH	↓	NH
4 500	4 589	
	1 015	
	3 912	
	4 000	

NT	↓	NT
2 000	2 576	
	1 821	
	6 975	
	9 064	

3

NZ	↓	NZ
7 720		
		4 380
9 990		
		1 010

NH	↓	NH
2 900		
		8 100
7 500		
		8 000

NT	↓	NT
1 000		
		4 000
6 000		
		9 000

4

Runde auf Zehner:

1 212 ≈ 1 210

2 556 ● ______

1 995 ● ______

7 887 ● ______

Runde auf Hunderter:

3 108 ● ______

6 432 ● ______

2 271 ● ______

7 950 ● ______

Runde auf Tausender:

1 021 ● ______

4 350 ● ______

376 ● ______

9 509 ● ______

5

a) Meine Zahl erhältst du, wenn du 4 578 auf den Tausender rundest.
______ 5

b) Meine Zahl ist das Doppelte der kleinsten vierstelligen Zahl.
______ 2

c) Meine Zahl erhältst du, wenn du das 3-Fache von 2 222 nimmst und dann die Hunderter- und die Zehnerstelle halbierst.
______ 18

1

a) Wie viele Millimeterquadrate sind es insgesamt? ______

b) Stelle die Zahl 12 354 auf dem Millimeterpapier dar.

c) Wie viele Millimeterquadrate bleiben übrig? ______

2

20 000	+	8 000	+	300	+	60	+	___	=	28 369
___	+	3 000	+	100	+	___	+	5	=	83 195
50 000	+	___	+	700	+	___	+	1	=	56 771
30 000	+	9 000	+	___	+	20	+	___	=	39 028
___	+	___	+	___	+	___	+	___	=	60 366
___	+	___	+	___	+	___	+	___	=	72 002
___	+	___	+	___	+	___	+	___	=	40 404
___	+	___	+	___	+	___	+	___	=	98 020

3 Setze diese Teile zu fünfstelligen Zahlen zusammen. Schreibe 10 Zahlen auf.

tausend | zwanzig | sieben | hundert | neun | drei | und | fünfzig

59 723

______

______

Zahlen bis 100 000

1 Wie heißen die Zahlen?

a)

ZT	H	Z	E	T
2	4	3	1	7

____

b)

T	Z	ZT	E	H
1	8	4	3	5

____

c)

ZT	H	Z	E	T
7	6	3	8	9

____

d)

H	T	E	Z	ZT
3	6	2	4	5

____

e)

E	Z	ZT
2	9	8

____

f)

H	ZT
7	9

____

2 Bilde fünfstellige Zahlen. Schreibe jeweils die kleinste und die größte Zahl auf.

a) 2 7 5 3 9

23 579 ______________

b) 4 9 1 0 1

______________ ______________

c) 3 4 8 0 3

______________ ______________

d) Welche anderen Zahlen lassen sich mit den Ziffern von a) noch bilden?
Schreibe 6 Zahlen auf.

______ ______ ______ ______ ______ ______

3 a) Schreibe die Zahlen auf.

vierzehntausendfünf

14 005

dreißigtausendvierhundertzehn

______

neunzehntausendsechzehn

______

neunundfünfzigtausendachthundertvierundsiebzig

______

sechsundsiebzigtausendeinhundertneunundachtzig

______

b) Schreibe als Zahlwort.

35 200 ______________________________

76 001 ______________________________

51 069 ______________________________

90 899 ______________________________

23 406 ______________________________

1 Ordne zu.

29 000 | 30 000 | 50 000 | 51 000 | 75 000 | 87 000 | 100 000

[ ] | [ ] | [ ] | 60 000 | [ ] | [ ] | [ ]

2 a)

28 000 — 20 000 … 30 000

[ ] — 40 000 … 50 000

[ ] — 70 000 … 80 000

[ ] — 90 000 … 100 000

b)

11 300 — 11 000 … 12 000

[ ] — 67 000 … 68 000

[ ] — 83 000 … 84 000

[ ] — 56 000 … 57 000

3 Setze <, > oder = ein.

a) 45 760 ○ 45 670
31 010 ○ 31 010

15 800 ○ 25 800
72 960 ○ 79 620

19 780 ○ 19 790
56 300 ○ 57 300

b) 36 652 ○ 65 370
80 099 ○ 98 099

49 475 ○ 49 375
75 023 ○ 71 405

11 251 ○ 13 125
67 869 ○ 67 869

c) 95 430 ○ 67 090
42 010 ○ 41 010

99 376 ○ 99 856
10 623 ○ 10 405

83 151 ○ 83 125
54 404 ○ 54 044

4 Ordne die Zahlen nach der Größe. Beginne mit der kleinsten Zahl.

~~24 680~~, 26 480, 24 860, 64 820, 62 480, 62 048	24 680, ___, ___, ___, ___, ___
42 413, 41 243, 42 341, 42 431, 41 432, 41 324	___, ___, ___, ___, ___, ___
67 766, 67 667, 66 776, 66 677, 76 667, 67 676	___, ___, ___, ___, ___, ___

1 Ordne zu.

79 952	79 974	79 980	79 990	80 005	80 021	80 039

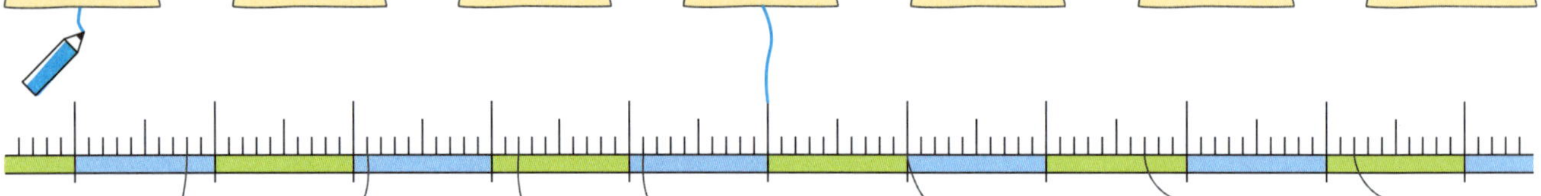

				80 000		

2 Ergänze die Steckbriefe.

12 345
Vorgänger: 12 344 | Nachfolger: ______
Nachbarzehner: ______ ______
Nachbarhunderter: ______ ______
Nachbartausender: ______ ______
Nachbarzehntausender: ______ 20 000

______
Vorgänger: 38 215 | Nachfolger: ______
Nachbarzehner: ______ ______
Nachbarhunderter: ______ ______
Nachbartausender: ______ ______
Nachbarzehntausender: ______ ______

______
Vorgänger: ______ | Nachfolger: ______
Nachbarzehner: ______ 97 660
Nachbarhunderter: ______ ______
Nachbartausender: ______ ______
Nachbarzehntausender: ______ ______

3 Runde auf Hunderter:
32 557 ≈ 32 600
32 546 ◯ ______
78 031 ◯ ______
54 968 ◯ ______

Runde auf Tausender:
96 735 ◯ ______
96 204 ◯ ______
27 850 ◯ ______
81 399 ◯ ______

Runde auf Zehntausender:
12 397 ◯ ______
47 046 ◯ ______
60 002 ◯ ______
74 991 ◯ ______

4 Welche Zahlen könnten gerundet worden sein?

gerundet auf Zehner	kleinste Zahl	größte Zahl
24 550	24 545	24 554
79 490		
38 170		
95 130		

gerundet auf Tausender	kleinste Zahl	größte Zahl
29 000	28 500	29 499
56 000		
81 000		
47 000		

1 Welche Zahlen sind mit Plättchen dargestellt? Notiere.

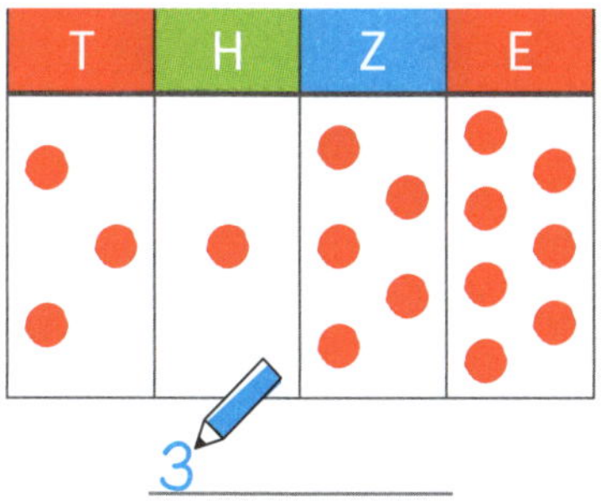

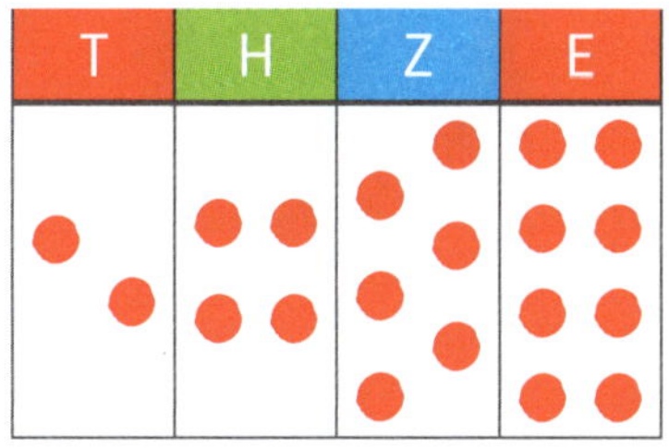

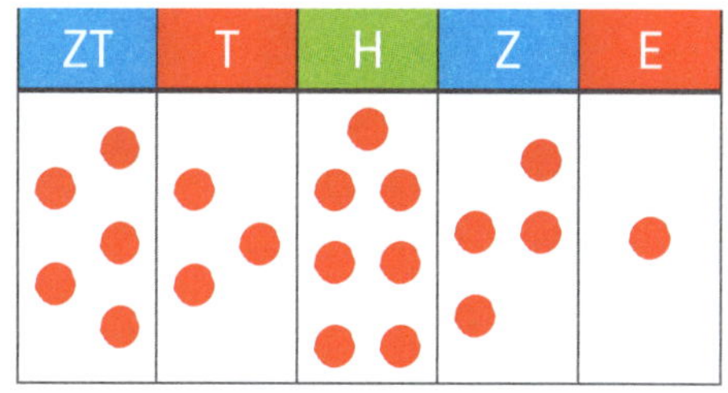

2 Stelle die Zahlen mit Plättchen dar.

4 623

T	H	Z	E

7 506

T	H	Z	E

41 382

ZT	T	H	Z	E

3

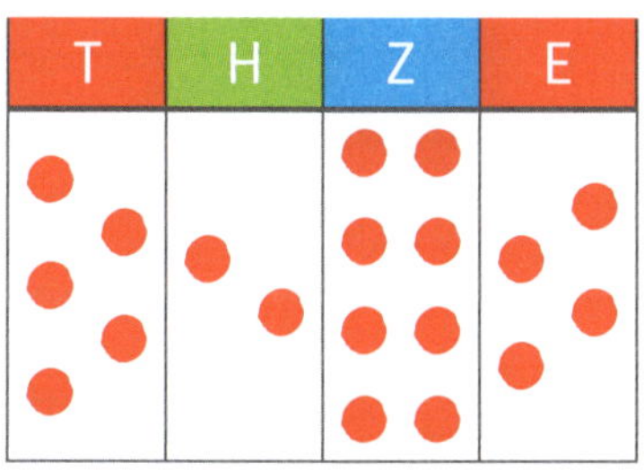

Welche Zahl ist dargestellt? ______

Welche Zahlen entstehen, wenn du

a) ein Plättchen beim Hunderter dazulegst, ______

b) ein Plättchen beim Tausender wegnimmst, ______

c) in jeder Spalte 2 Plättchen wegnimmst? ______

4

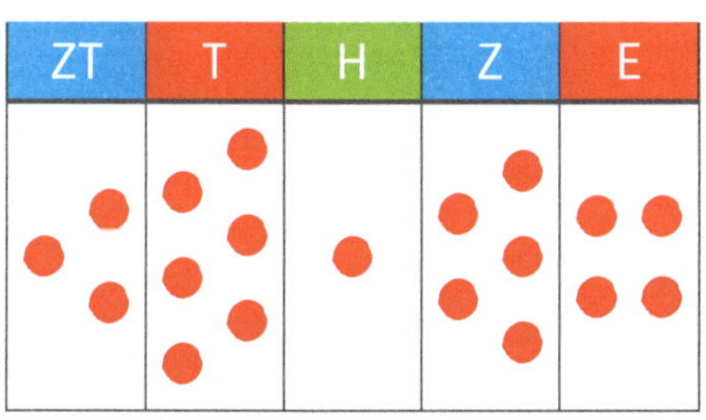

Welche Zahlen können entstehen, wenn du

a) ein Plättchen in einem beliebigen Feld wegnimmst,

______, ______, ______, ______, ______

b) 2 Plättchen in einem beliebigen Feld dazulegst?

______, ______, ______, ______, ______

5 Paul würfelt mit 5 Würfeln und setzt daraus fünfstellige Zahlen zusammen.

a) Welche kleinste Zahl kann er würfeln und zusammensetzen? ______

b) Welche größte Zahl kann er würfeln und zusammensetzen? ______

c) Paul hat 2, 5, 5, 2, 2 gewürfelt. Welche Zahlen kann er zusammensetzen?

22 255, ______, ______, ______, ______

______, ______, ______, ______, ______

1 Ordne den Namen der Kinder die passenden Zahlen zu. Es bleiben 3 Zahlen übrig.

~~494~~ | 6 116 | 29 229 | 4 004 | 636

71 771 | 8 228 | 727 | 35 353 | 808

5 995 | 511 | 84 884 | 3 737 | 60 660

EDE	ANNA	PIPPI
494, ______	______	______
______	______	______

2 a) Schreibe alle ANNA-Zahlen auf, die als Zehner eine 4 haben.

1 441, ______

b) Schreibe alle PIPPI-Zahlen auf, die als Hunderter eine 9 haben.

90 990, ______

3 Setze die Zahlenfolgen mit Namenszahlen fort.

121 →	232 →	343 →	→	→	→	
1 331 →	2 442 →	3 553 →	→	→	→	
9 669 →	8 558 →	7 447 →	→	→	→	
90 990 →	81 881 →	72 772 →	→	→	→	

4 Trax hat Zahlen in geheimer Rabensprache dargestellt. Finde jeweils 4 passende Zahlen.

a)  1 122, ______, ______, ______

b)  ______, ______, ______, ______

c)  ______, ______, ______, ______

d)  ______, ______, ______, ______

1 Ergänze die Steckbriefe.

8 259		56 001 (Nachfolger)
Vorgänger: ___ Nachfolger: ___	Vorgänger: 14 795 Nachfolger: ___	Vorgänger: ___ Nachfolger: 56 001
Nachbarzehner: ___ ___	Nachbarzehner: ___ ___	Nachbarzehner: ___ ___
Nachbarhunderter: ___ ___	Nachbarhunderter: ___ ___	Nachbarhunderter: ___ ___
Nachbartausender: ___ ___	Nachbartausender: ___ ___	Nachbartausender: ___ ___
Nachbarzehntausender: ___ ___	Nachbarzehntausender: ___ ___	Nachbarzehntausender: ___ ___

2 Ordne zu.

23 755 | 23 771 | 23 786 | 23 798 | 23 819 | 23 822 | 23 839 | 23 846

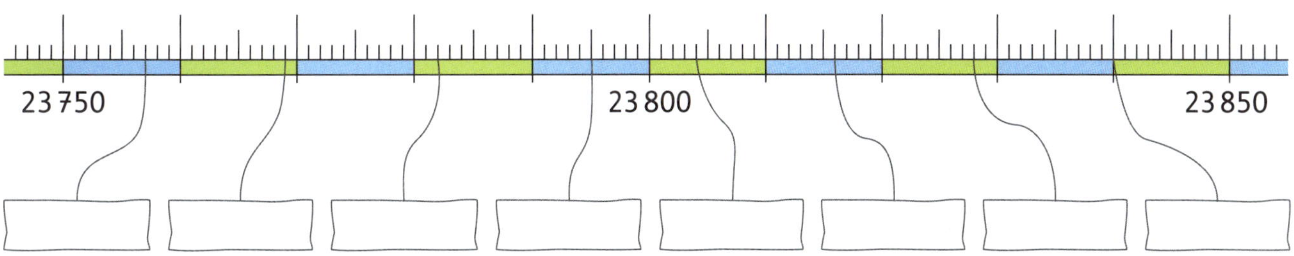

3 Finde Rechenfehler und korrigiere sie.

357 + 124 + 468 = 949 ✓	495 + 76 + 285 = ~~846~~ f 856	134 + 618 + 209 = 961	71 + 506 + 398 = 875	225 + 390 + 47 = 662
682 − 494 = 288	937 − 156 = 781	846 − 576 = 270	609 − 283 = 316	754 − 669 = 185

1 Schreibe auf, wie du rechnest.

6730 + 80 =

45618 + 700 =

970 + 850 =

5480 + 7500 =

2

a) 4658 + 3 = ____
4658 + 30 = ____
4658 + 300 = ____
4658 + 3000 = ____

b) 8462 + 9 = ____
8462 + 90 = ____
8462 + 900 = ____
8462 + 9000 = ____

c) 36274 + 50000 = ____
36274 + 5000 = ____
36274 + 500 = ____
36274 + 50 = ____

d) 12751 + 60000 = ____
12751 + 6000 = ____
12751 + 600 = ____
12751 + 60 = ____

3

+	90	190	1900
2500			
3610			
52800			
14760			

+	30	130	1300
6460			
8690			
42780			
76970			

4

6450	6200	850	2300

2270	4670	4130	1320

1 Schreibe auf, wie du rechnest.

5370 − 90 = ______ 62400 − 750 = ______

9540 − 70 = ______ 11360 − 870 = ______

2

a) 8 462 − 4 = ______
8 462 − 40 = ______
8 462 − 400 = ______
8 462 − 4 000 = ______

b) 6 224 − 5 = ______
6 224 − 50 = ______
6 224 − 500 = ______
6 224 − 5 000 = ______

c) 92 751 − 60 000 = ______
92 751 − 6 000 = ______
92 751 − 600 = ______
92 751 − 60 = ______

d) 81 294 − 20 000 = ______
81 294 − 2 000 = ______
81 294 − 200 = ______
81 294 − 20 = ______

3

−	90	190	1 900
2 590			
3 870			
46 710			
75 830			

−	30	130	1 300
7 850			
9 610			
53 020			
91 310			

4

12 850			
	5 200		
	2 750		
	1 400		

58 970			
26 830			
	17 500		
		11 120	

1 Wer sitzt in der Höhle?

Löse die Aufgaben. Beginne bei 1. Verbinde die Ergebnisse der Reihe nach.

12
  1 8 4 7
+ 5 3 3 9
+ 2 0 0 8

9
  4 6 3 4
+   9 7 6
+ 2 6 6 7

11 5 989 + 55 232

8 987 + 16 779

3
  2 5 9 4
+ 7 6 0 7

6
  9 5 1 3
+ 2 8 5 4

4
  2 1 2 0 8
+ 3 2 2 0 8

2
  6 4 2 5
+ 8 5 7 4

7
  7 4 3 _ 6
+ 1 _ 7 9 _
  _ 5 _ 2 9

16
  2 5 6 2 5
+ 1 5 6 8 7

15
  _ 3 4 9 _
+ _ 5 _ 3
  2 2 _ 4 1

13
  1 6 2 _ 5
+ 1 _ 8 4 _
  _ 4 _ 2 1

5 16 003 + 3 494

10
  7 0 4 9 6
+ 1 2 4 6 8

1
  3 6 4 7
+ 2 7 3 1

14 9 661 + 37 549

1 Wer sitzt in der Höhle?
Löse die Aufgaben. Beginne bei 1. Verbinde die Ergebnisse der Reihe nach.

16
  89812
− 78974

4
  78034
− 24618

11
   64 2
− 2481
  1 83

5
  16003
− 3494

3
  8294
− 7607

7
  9433
− 3 93
    35 9

8
  83000
− 65234

1
  8747
− 2631

6 18742 − 6375

10 95432 − 32468

12 84632 − 80964

15 99000 − 8965

13
  56 5
− 2049
     619

2
  6420
− 3579

9
  7025
− 2979

14
  10000
− 4999

1

9 · 100 = ______	4 · 1 000 = ______	13 · 10 = ______
46 · 10 = ______	87 · 100 = ______	39 · 1 000 = ______
270 · 100 = ______	740 · 100 = ______	6 560 · 10 = ______
63 · 1 000 = ______	5 150 · 10 = ______	280 · 100 = ______
5 800 · 10 = ______	3 370 · 10 = ______	8 800 · 10 = ______

2

8 300 : 100 = ______	100 000 : 1 000 = ______	640 : 10 = ______
170 : 10 = ______	28 800 : 100 = ______	44 000 : 1 000 = ______
43 000 : 100 = ______	720 : 10 = ______	3 500 : 100 = ______
67 000 : 1 000 = ______	11 000 : 1 000 = ______	22 600 : 100 = ______
9 000 : 10 = ______	87 700 : 10 = ______	9 200 : 10 = ______

3 Rechne und färbe das Feld mit der Ergebniszahl grün.

17 · 100 = ______
380 · 10 = ______
84 · 1 000 = ______
790 · 100 = ______
574 · 10 = ______
82 · 1 000 = ______
100 · 100 = ______
49 · 1 000 = ______

790 : 10 = ______
5 500 : 100 = ______
61 000 : 1 000 = ______
8 730 : 10 = ______
92 000 : 1 000 = ______
36 800 : 100 = ______
91 000 : 1 000 = ______
690 : 10 = ______

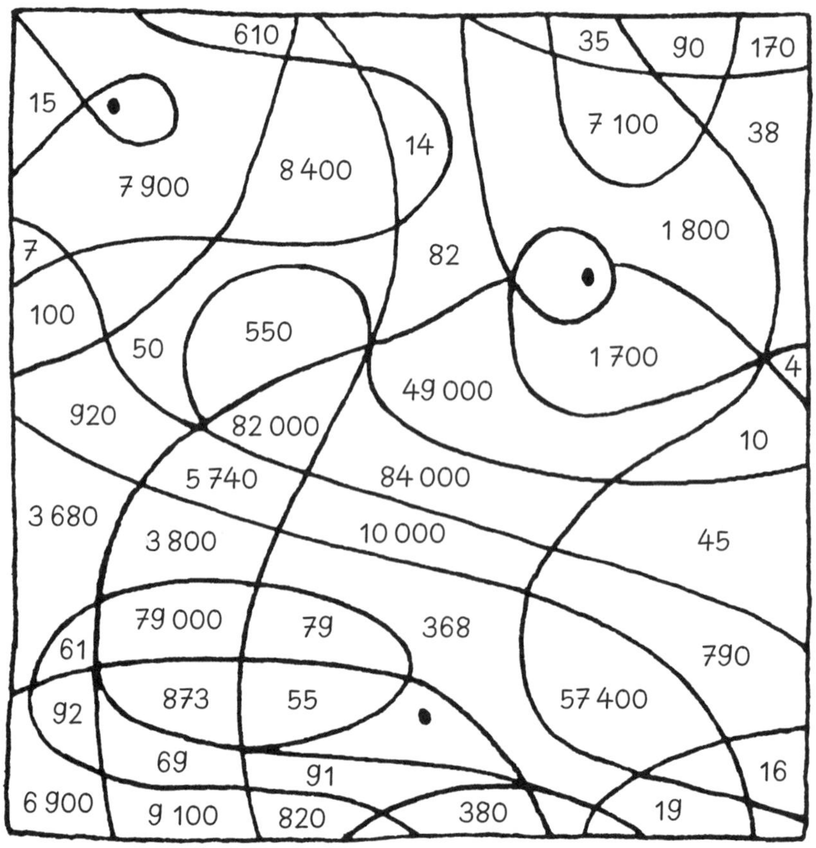

4 Schreibe Aufgaben, die zu den jeweiligen Ergebnissen passen.

______ · ______ = 6 300	______ · ______ = 27 000	______ · ______ = 79 300
______ · ______ = 6 300	______ · ______ = 27 000	______ · ______ = 79 300
______ · ______ = 6 300	______ · ______ = 27 000	______ · ______ = 79 300
______ · ______ = 6 300	______ · ______ = 27 000	______ · ______ = 79 300

SB 34 207–208, 225–226

1

2 · 5 = ______
2 · 50 = ______
2 · 500 = ______
2 · 5 000 = ______
2 · 50 000 = ______

3 · 3 = ______
30 · 3 = ______
300 · 3 = ______
3 000 · 3 = ______
30 000 · 3 = ______

4 · 6 000 = ______
400 · 60 = ______
40 · 600 = ______
4 000 · 6 = ______
400 · 6 = ______

2

8 : 4 = ______
80 : 4 = ______
800 : 4 = ______
8 000 : 4 = ______
80 000 : 4 = ______

100 000 : 5 = ______
100 000 : 50 = ______
100 000 : 500 = ______
100 000 : 5 000 = ______
100 000 : 50 000 = ______

630 : 70 = ______
63 000 : 7 000 = ______
6 300 : 700 = ______
63 : 7 = ______
63 000 : 70 = ______

3 Rechne und färbe das Feld mit der Ergebniszahl braun.

60 · 400 = ______
7 000 · 5 = ______
9 · 3 000 = ______
60 · 300 = ______
800 · 7 = ______
9 000 · 9 = ______
200 · 70 = ______
5 000 · 5 = ______

5 600 : 70 = ______
81 000 : 900 = ______
48 000 : 6 000 = ______
28 000 : 700 = ______
350 : 5 = ______
54 000 : 90 = ______
3 200 : 4 = ______
21 000 : 3 000 = ______

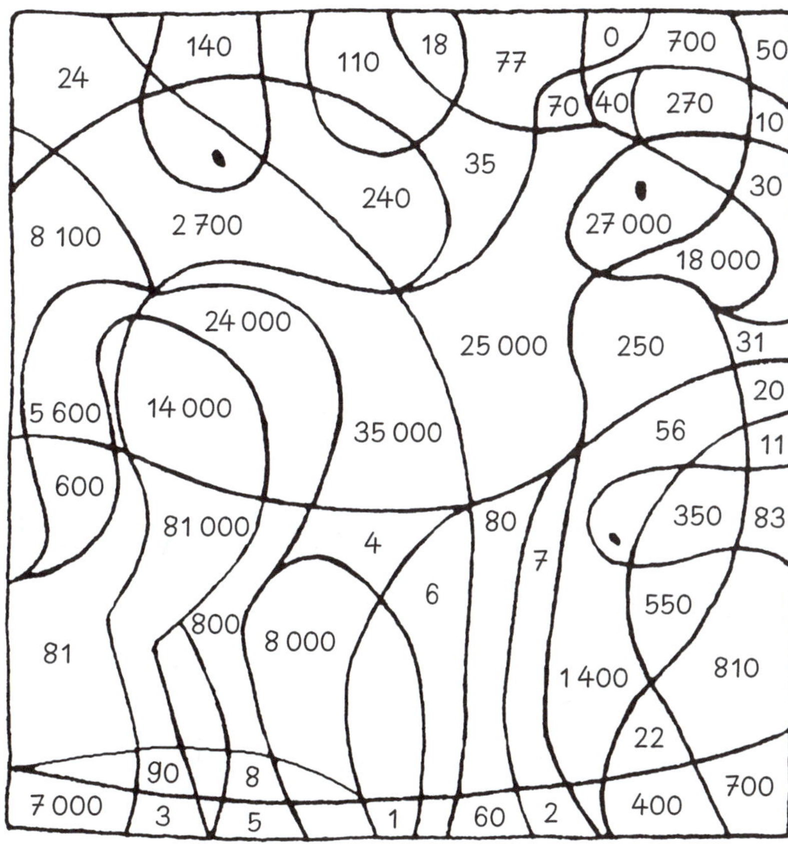

4

a)
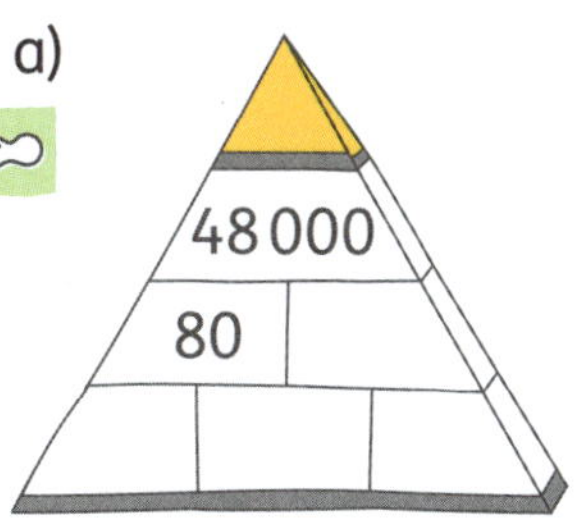

b)
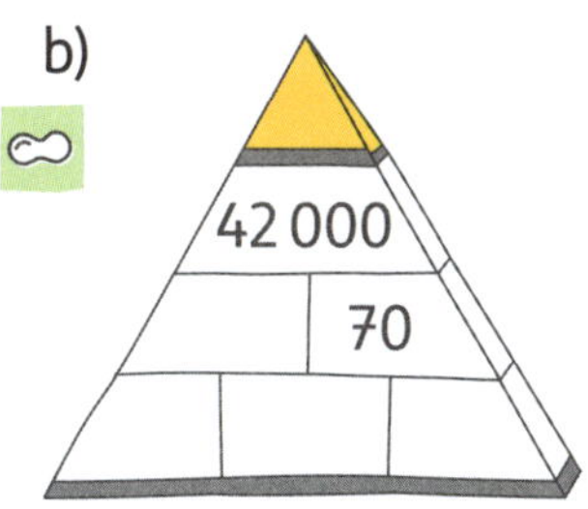

c)
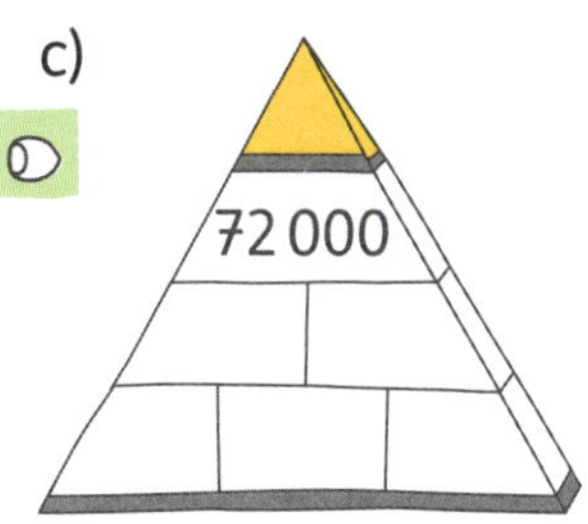

d)
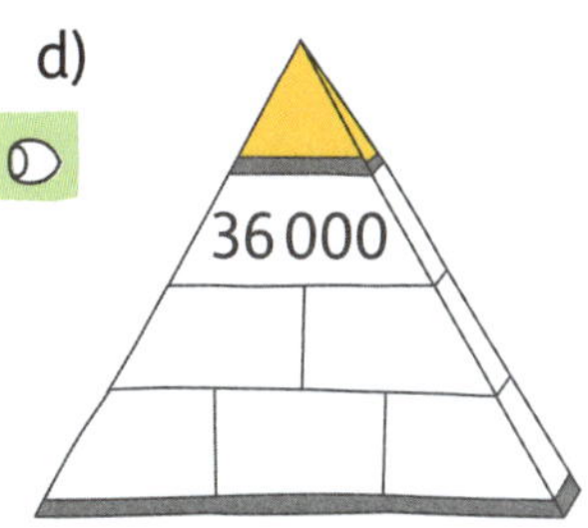

1 Ⓠ

67 + 6 · 4 = ________ 10
67 + 24

87 − 9 · 9 = ________ 6

6 · 10 + 796 = ________ 19

185 + 2 · 33 = ________ 8

745 − 4 · 11 = ________ 8

4 · 45 − 180 = ________ 0

2 Ⓠ

260 + 81 : 9 = ________ 17

725 + 240 : 3 = ________ 13

777 : 7 + 537 = ________ 18

560 : 80 + 986 = ________ 21

3 Ⓠ

(395 + 5) · 40 = ________ 7

(398 − 148) · 20 = ________ 5

7 · (200 − 130) = ________ 13

(168 + 280) : 8 = ________ 11

(644 − 284) : 60 = ________ 6

540 : (9 + 51) = ________ 9

4 Das Ergebnis soll immer 100 sein. Bei einigen Aufgaben musst du Klammern setzen.

2 · (25 + 25)

8 · 5 + 3 · 20

150 − 5 · 10

18 + 32 · 2

23 − 13 · 35 − 25

37 + 7 · 9

500 : 50 − 45

360 − 60 : 3

SB 36

1 a) Ordne zu.

~~300~~ 15 48 22 296 4385 61 605 930 24850 70 574

durch 2 teilbar	durch 5 teilbar	durch 10 teilbar
300,	300,	300,
8 Zahlen	7 Zahlen	4 Zahlen

b) Streiche falsche Zahlen weg.

durch 5 teilbar			
85	70	210	905
435	92	390	16001

2 Zahlen sind falsch.

durch 10 teilbar			
279	3020	0	905
860	6370	516	44440

3 Zahlen sind falsch.

durch 3 teilbar				
84		9009	57	455
71	3	666	103	234

3 Zahlen sind falsch.

2 Kann das stimmen? Begründe mit den Teilbarkeitsregeln.

a) 5275 ist durch 5 teilbar.

Ja, weil ______________________

b) 6463 ist durch 2 teilbar.

____

c) 74484 ist durch 3 teilbar.

____

d) 5675 ist durch 10 teilbar.

____

e) 3780 ist durch 10 und durch 3 teilbar.

____

____

3 Ersetze die Kleckse so, dass die Zahlen durch:

a) 2 teilbar sind.	b) 3 teilbar sind.	c) 5 teilbar sind.	d) 10 teilbar sind.
730●	975●	5810●	3621●
31●	4123●	409●	919●
2965●	68●	1777●	8760●

Mit Fragen arbeiten

1 So viele Kinder sind in der Regenbogen-Grundschule:

	Jungen	Mädchen	gesamt	Jungen	Mädchen	gesamt	Jungen	Mädchen	gesamt
Klasse		1a			1b			1c	
	10	13	23	11	14	25	8	14	22
Klasse		2a			2b			2c	
	14	12	26	10	15	25	11	12	23
Klasse		3a			3b			3c	
	14	14	28	13	15	28	10	16	26
Klasse		4a			4b			4c	
	9	16	25	11	13	24	16	11	27

Welche Frage kannst du jeweils beantworten? Kreuze an und löse.

a) ☐ Wie viele Kinder sind insgesamt in den 4. Klassen?
☐ Wie viele Lehrkräfte unterrichten insgesamt in den 4. Klassen?

L:

A:

b) ☐ Wie viele Unterrichtsstunden haben die 3. Klassen insgesamt in einer Woche?
☐ Wie viele Mädchen sind insgesamt in den 3. Klassen?

c) ☐ Wie viele Zweitklässler besuchen den katholischen Religionsunterricht?
☐ Wie viele Zweitklässler sind da, wenn 8 Kinder der 2. Klassen krank sind und fehlen?

d) ☐ Gibt es in der Regenbogen-Grundschule mehr Mädchen oder mehr Jungen?
☐ Wie viele Kinder und Lehrkräfte gibt es an der Regenbogen-Grundschule insgesamt?

SB 38

1 Lies dir den Text genau durch.

Anne und ihr Vater fuhren mit dem Zug über das Wochenende von Stuttgart nach Berlin, um dort Tante Juliane zu besuchen. Der ICE fuhr am Freitag um 6.51 Uhr ab und kam um 12.25 Uhr in Berlin an. Die Hinfahrt kostete für beide zusammen 142 €. Die Rückfahrt am Sonntag mit einem IC und einem EC kostete insgesamt 134 €. Sie fuhren um 11.02 Uhr in Berlin ab und waren nach 6 Stunden und 52 min wieder in Stuttgart. Für die Sitzplatzreservierungen mussten sie pro Strecke und Person 4,50 € bezahlen.

Welche Angaben sind zum Lösen der Aufgaben wichtig? Unterstreiche sie in der Farbe der Fragekarte und löse die Aufgabe.

Wie viel mussten sie insgesamt für die Sitzplatzreservierung bezahlen?

L:

A:

Wie viel kosteten die Fahrkarten und die Sitzplatzreservierungen insgesamt?

Wie lange dauerte die Hinfahrt?

Wie lange dauerten die Zugfahrten insgesamt?

2 Ein Zug fährt planmäßig um ______________ ab und kommt ______________ mit einer ______________ von 12 min am Zielbahnhof an. Bei der Fahrt legt er ______________ 80 km in der Stunde zurück.

11.36 Uhr

nach 5 h

durchschnittlich

Verspätung

a) Welche Informationen passen in den Text? Setze ein.

b) Wann hätte der Zug planmäßig ankommen müssen?

____

c) Wie weit ist der Zug ungefähr gefahren?

____

1 Vervollständige die Skizzen, löse und antworte.

a) Frau Gruber möchte einen 1,50 m langen Schal stricken. Von Montag bis Freitag schafft sie täglich 20 Zentimeter.

F: Wie viele Zentimeter muss sie über das Wochenende (Samstag und Sonntag) noch stricken, wenn der Schal fertig werden soll?

L:

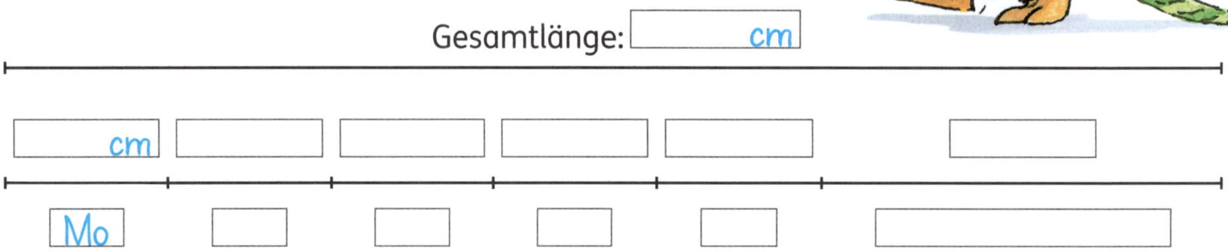

A: ______________________________

b) Herr Schmidt will sein Gartengrundstück einzäunen. Dafür hat er einen Plan gezeichnet. Er möchte alle 2 m einen Holzpfosten setzen. Das Tor für die Einfahrt (4 m breit) hat er bereits an Betonpfeiler montiert.

F: Wie viele Holzpfosten und wie viele Meter Zaun benötigt er?

L:

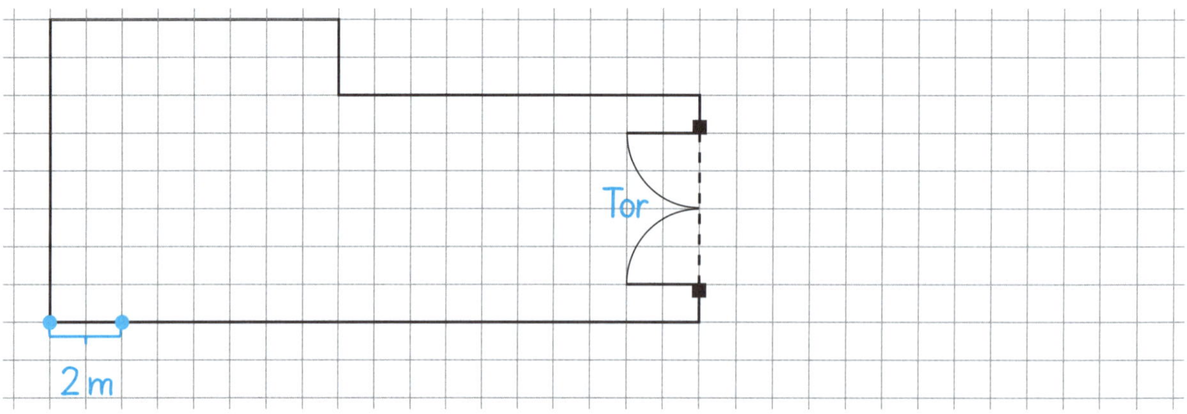

A: ______________________________

c) Die Kinder haben Papierflieger gebastelt und sie getestet. Tims Flieger flog nur halb so weit wie der Flieger von Pepe. Leas Flieger schaffte genau 18 Meter. Pepes Flieger flog nur halb so weit wie der Flieger von Lea.

F: Wie weit flog der Papierflieger von jedem Kind?

L:

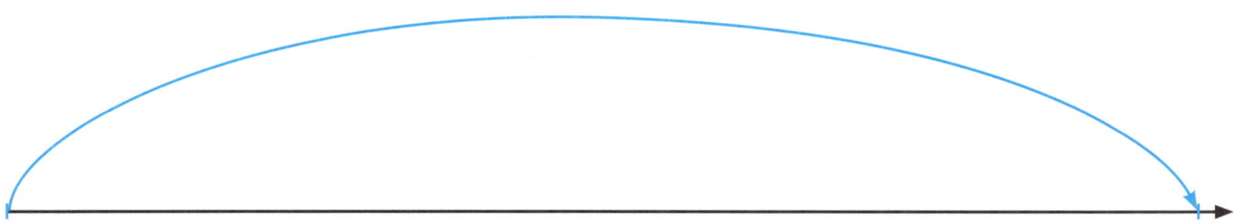

A: ______________________________

1 In jeder Zeile kann man 2 Aufgaben lösen.
Kreuze sie an und löse.

a)

☐ Alina hat schon viele Bücher gelesen. Sie liest jeden Tag 20 Seiten.
Wie viele Tage braucht Alina für ein Buch mit 280 Seiten?

☐ Till putzt sich die Zähne 2-mal am Tag. Er muss alle 6 Monate zum Zahnarzt.
Wie oft muss Till zum Zahnarzt, wenn er sich die Zähne 4-mal am Tag putzen würde?

☐ Mia fährt gern Rad. Für 4 km braucht sie ungefähr 20 min.
Wie weit kommt Mia etwa bei einer einstündigen Fahrradtour?

b)

☐ Sina ist krank. Am Montag hatte sie 40 °C Fieber. Am Dienstag waren es nur noch 39 °C und am Mittwoch 38 °C.
Welche Körpertemperatur hat Sina am Sonntag?

☐ Jonas bekommt einen Hund. Für das Futter fallen in einer Woche etwa 10 € an.
Wie hoch sind die Futterkosten für Jonas' Hund in einem Jahr?

☐ Familie Schulz fährt mit dem Auto in den Urlaub. In einer halben Stunde schaffen sie ungefähr 50 km.
Wie weit kommen sie ungefähr in 2 Stunden ohne Stau?

c)

☐ Bauarbeiter Kunz füllt eine Tonne Kies in eine Baugrube. Mit einer Schubkarre kann er 50 kg Kies in die Grube transportieren.
Wie viele Fahrten muss er machen, bis der ganze Kies in der Baugrube ist?

☐ Als Lisa geboren wurde, pflanzte ihr Opa einen 50 cm großen Baum im Garten. Mittlerweile ist Lisa 10 Jahre alt und der Baum ist schon 9 m hoch.
Wie hoch ist der Baum, wenn Lisa 80 Jahre alt wird?

☐ In den Tank von Herrn Kleins Auto passen 40 l Benzin. Für 100 km Fahrtstrecke verbraucht das Auto 8 l Benzin.
Wie viele Kilometer kann Herr Klein mit einem vollen Tank fahren?

1 Trage die Längenangaben in die Tabelle ein und vervollständige.

~~7,625 km~~ | 3,666 km
9 km 453 m | 8,5 km
1 km 990 m | 4 km 44 m
9 876 m | 5 800 m | 15 m

	km	m			
7,625 km	7	6	2	5	7 625 m

2 Setze <, > oder = ein.

a)
450 m < 45 km
2 300 m ○ 2 km
1 400 m ○ 14 km
5 000 m ○ 5 km

b)
7 300 m ○ 7,300 km
9 990 m ○ 0,999 km
2 244 m ○ 2,444 km
853 m ○ 8,053 km

c)
5,06 km ○ 5 km 6 m
1,234 km ○ 12 km 234 m
6,005 km ○ 6 km 50 m
8,75 km ○ 8 km 750 m

3 Ordne die Längenangaben nach der Größe. Die Buchstaben ergeben ein Lösungswort.

a)
530 m T | 35 m | M
0,350 km A | ______ | ☐
35 km E | ______ | ☐
~~35 m~~ M | ______ | ☐
5,3 km H | ______ | ☐

b)
0,210 km N | ______ | ☐
0,012 km L | ______ | ☐
1,2 km G | ______ | ☐
120 m Ä | ______ | ☐
2,100 km E | ______ | ☐

4

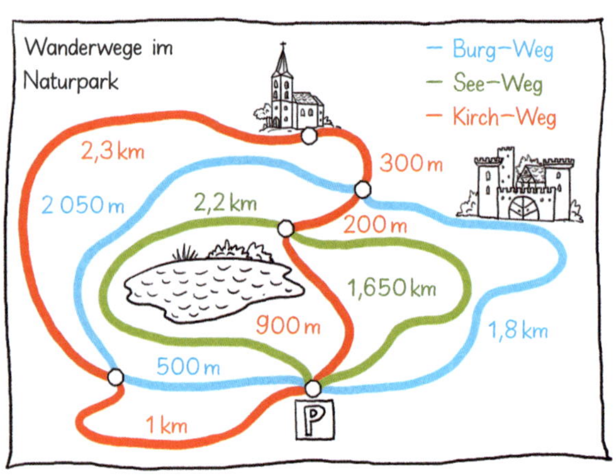

Welche Wege wurden gewandert?

a) Der Weg war 3 850 m lang. ____________-Weg
b) Der Weg war 4,350 km lang. ____________-Weg
c) Der Weg war fast 5 km lang. ____________-Weg

1 Was passt zusammen? Verbinde.

Mia ist im Schwimmbad 5-mal durchs 50-Meter-Becken geschwommen.	Frau Müller hat 3 Schnurstücke mit jeweils 25 Zentimeter Länge.	Leon schafft im Stadion fast 2 Runden auf der 400-Meter-Bahn.

$\frac{1}{4}$ m | $\frac{1}{2}$ m | $\frac{3}{4}$ m | $\frac{1}{4}$ km | $\frac{1}{2}$ km | $\frac{3}{4}$ km

Marvin zeichnet eine 25 Zentimeter lange Linie an die Tafel.	Wenn Jule nicht trödelt, schafft sie ihren Schulweg in 10 Minuten.	Das Tafellineal der Klasse 4b ist genau in der Mitte zerbrochen.

2 Male gleiche Längenangaben mit derselben Farbe an.

0,5 m | 250 m | $\frac{1}{2}$ m | 2 km 500 m | $2\frac{1}{2}$ km | 2 500 m

zweieinhalb Kilometer | 50 cm | 2,5 km | 0,75 m | 0,25 km | 75 cm

$\frac{1}{4}$ km | 2,500 km | ein viertel Kilometer | $\frac{3}{4}$ m | ein halber Meter

3 Ordne die Längenangaben nach der Größe. Die Buchstaben ergeben ein Lösungswort.

a)

$\frac{3}{4}$ m	I	$\frac{1}{4}$ m	L
~~$\frac{1}{4}$ m~~	L	______	☐
45 cm	I	______	☐
80 cm	E	______	☐
$\frac{1}{2}$ m	N	______	☐

b)

$\frac{3}{4}$ km	S	______	☐
$\frac{1}{2}$ km	E	______	☐
240 m	K	______	☐
700 m	I	______	☐
$\frac{1}{4}$ km	R	______	☐

4 Reichen 5 m Geschenkband, wenn man für die Schleife 40 cm braucht?

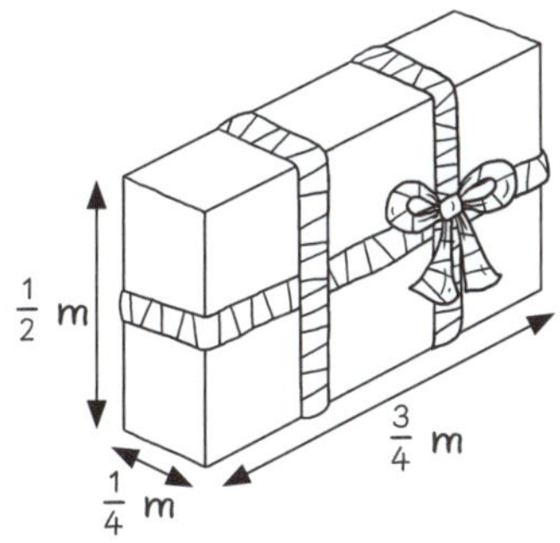

1 Trage die Rauminhalte in die Tabelle ein und vervollständige.

3,920 l | 1,999 l | 5 l 350 ml | 2,9 l | 9 l 123 ml | 4 l 30 ml | 7 654 ml | 800 ml | 9 ml

	l	ml			
3,920 l	3	9	2	0	3 920 ml

2 Male gleiche Rauminhalte mit derselben Farbe an.

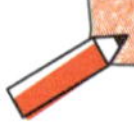

7 l 888 ml | 8 l 700 ml | 78 l 880 ml | 7 888 ml | 8 700 ml
3 l 55 ml | 5 l 355 ml | 7,888 l | 3,055 l | 78 888 ml
78,88 l | 3 055 ml | 8,7 l | 5 355 ml | 5,355 l

3 Wie viel fehlt bis zum nächsten vollen Liter?

a) 0,950 l + ______ ml = 1 l
2,500 l + ______ ml = 3 l
4,120 l + ______ ml = 5 l
6,222 l + ______ ml = 7 l

b) 5 l 250 ml + ______ ml = 6 l
7 l 125 ml + ______ ml = 8 l
9 l 10 ml + ______ ml = 10 l
11 l 3 ml + ______ ml = 12 l

c) 8,3 l + ______ ml = 9 l
7,1 l + ______ ml = 8 l
6,25 l + ______ ml = 7 l
5,09 l + ______ ml = 6 l

4 Wie kannst du mit diesen Gefäßen die angegebenen Mengen abmessen? Fülle die Tabelle aus.

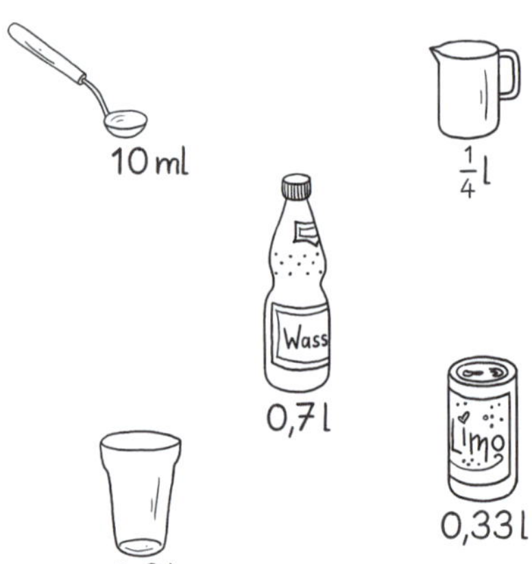

10 ml | $\frac{1}{4}$ l | 0,7 l | 0,3 l | 0,33 l

	10 ml	$\frac{1}{4}$ l	0,7 l	0,3 l	0,33 l
400 ml	10	–	–	1	–
1 l					
1 l 500 ml					
2 l					
2 l 730 ml					
3 l					
3 l 670 ml					

SB 45 KV 38 295–300

1 Ⓠ

5751 + 7 =	______	25	9870 − 6 =	______	27	36350 + 750 =	______	11
5751 + 70 =	______	16	9870 − 80 =	______	25	56350 + 750 =	______	13
15751 + 70 =	______	17	19870 − 80 =	______	26	19850 − 950 =	______	18
15751 + 300 =	______	13	19870 − 900 =	______	25	40850 − 950 =	______	21

2 Finde Rechenfehler und korrigiere sie.

7350	34517	67519	8179
+ 2060	+ 18578	+ 6455	+ 47368
9410 ✓	~~52095~~ f	63974	55447

5642	41704	22576	84513
− 3786	− 19089	− 8419	− 56076
1856	22715	14157	29437

3 a)

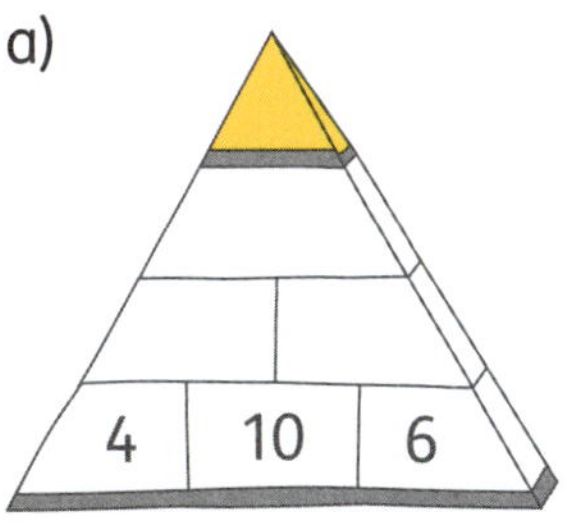

b)

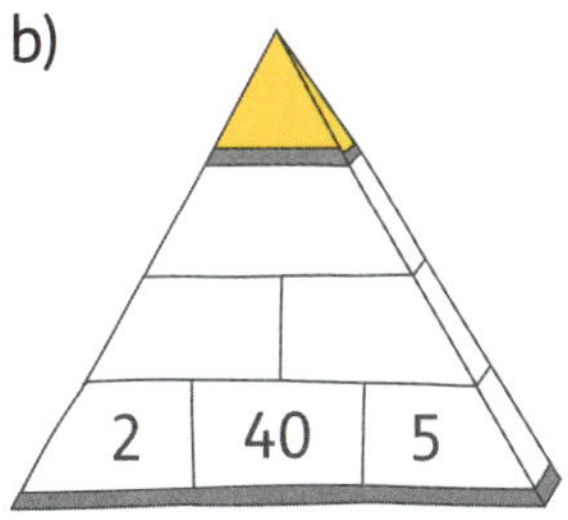

c)

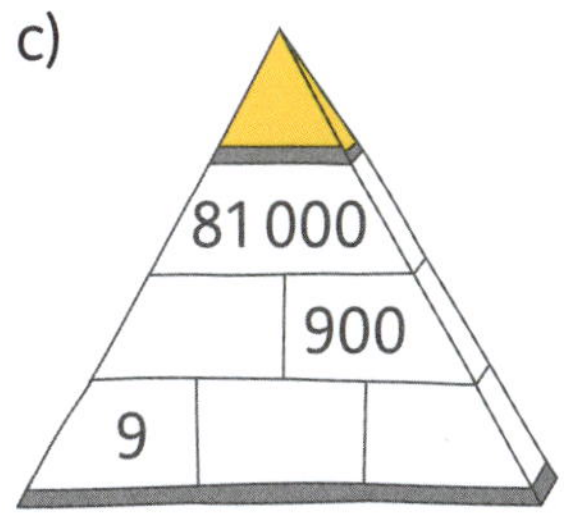

d)

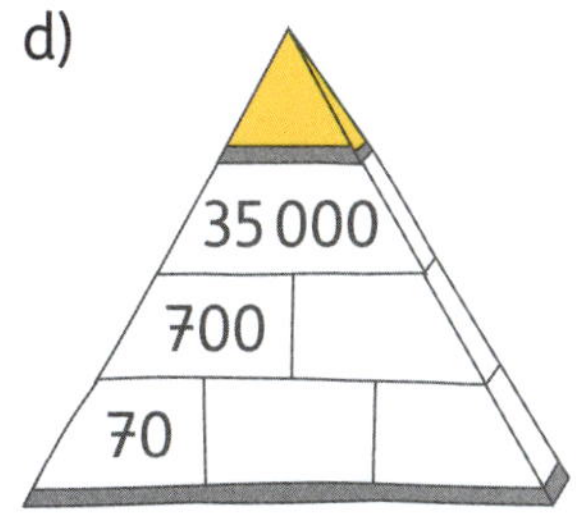

4 a) Beschrifte die Würfelnetze mit **o**ben, **v**orn, **h**inten, **l**inks, **r**echts.
b) Färbe gegenüberliegende Flächen in der gleichen Farbe.

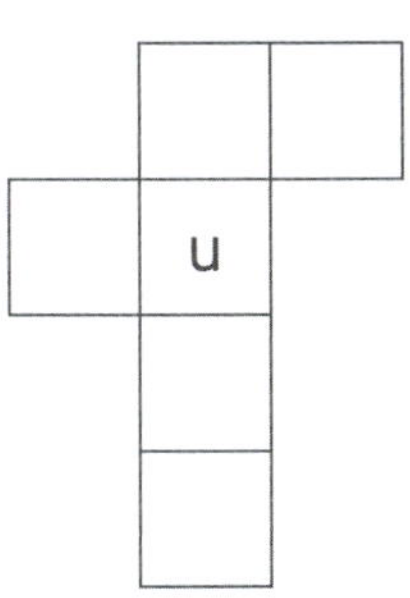

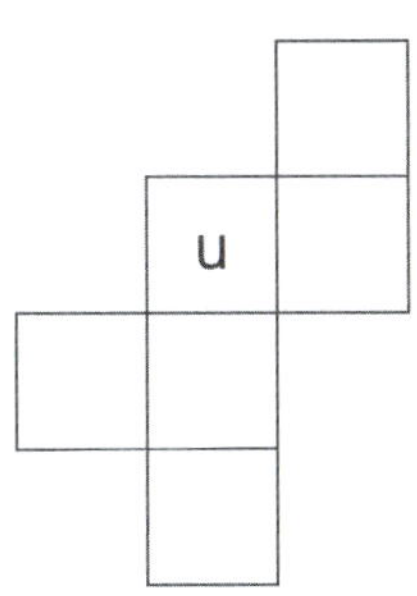

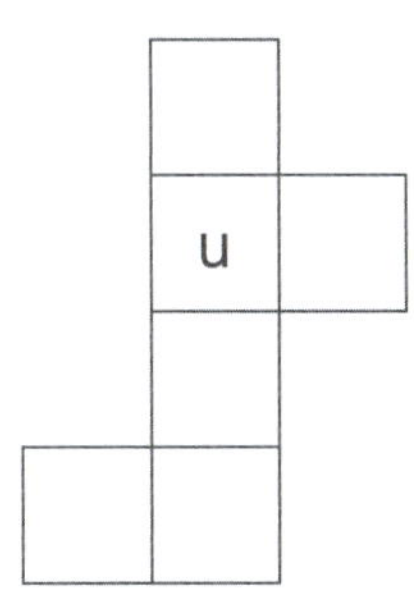

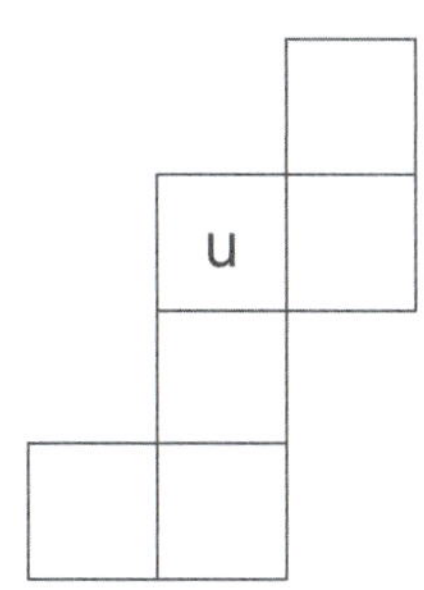

Vorwissen: Was kann ich schon?

1 Ergänze jeweils die fehlenden Teile des Musters.

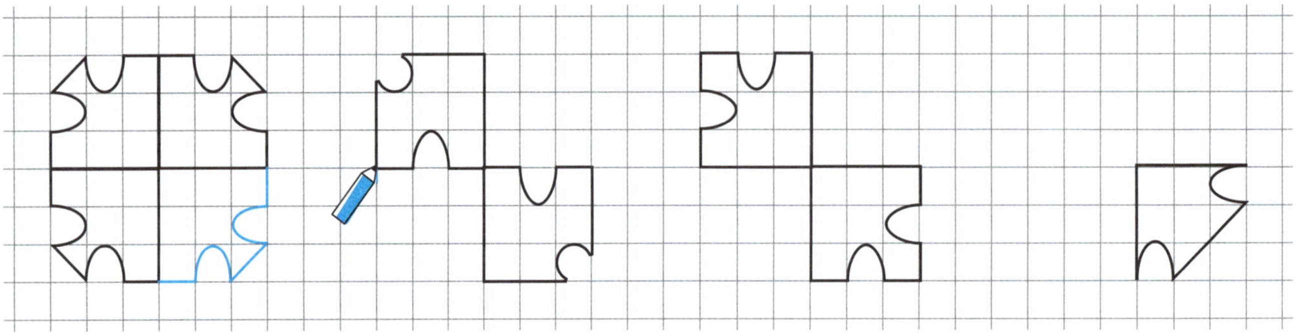

2 Zeichne mit dem Geodreieck alle Fliesen ein.
Wie viele Fliesen werden jeweils benötigt?

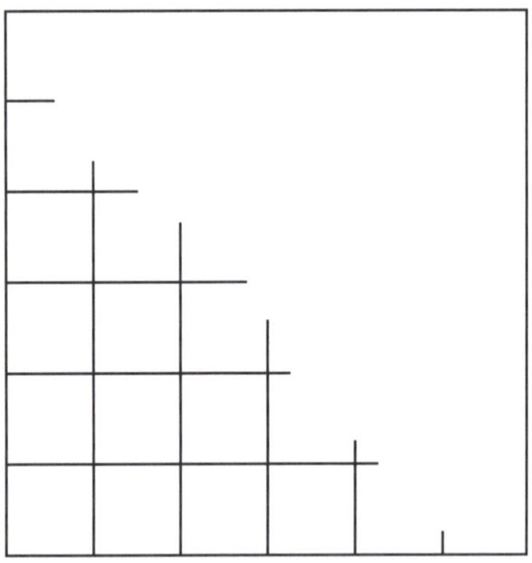

____ Fliesen

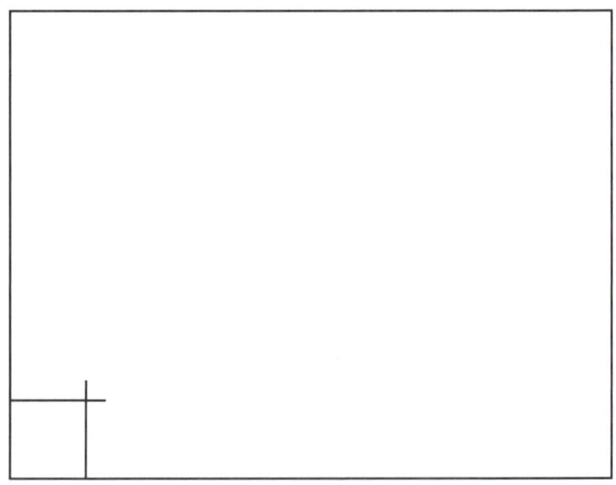

____ Fliesen

3 Welches Gebäude passt zu welchem Bauplan? Verbinde.
Ergänze die Anzahl der Stockwerke. Färbe die Baupläne.

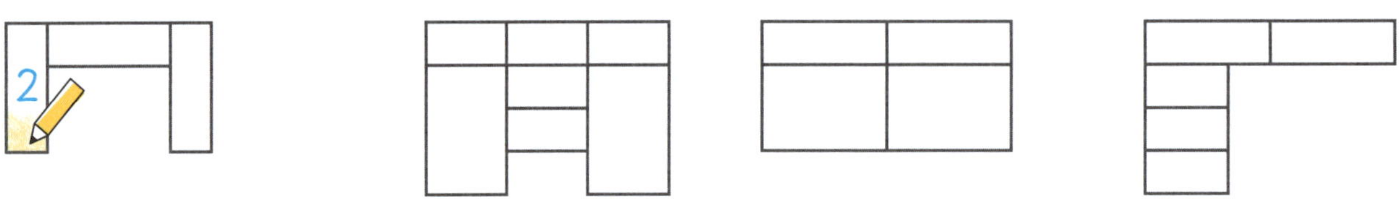

1 Welche Körper können es sein? Kreuze an.

Meine Körper haben 8 Ecken und 12 Kanten.

Tom
Nur eine Fläche. Sie ist gewölbt.

Mara
Nur ebene Flächen.

Marc
Kanten sind vorhanden. Sie sind aber gekrümmt.

Lisa
Gar keine Ecken.

Lea
Höchstens 5 Ecken.

Mia
Mindestens 4 Flächen.

Mein Körper hat 3 Flächen.

Can
Nur gerade Kanten und höchstens 5 Flächen.

Tim
Sowohl ebene Flächen als auch eine gewölbte.

Paul
Genauso viele Ecken wie Flächen.

	Emma	Max	Tom	Lisa	Mara	Lea	Marc	Mia	Can	Tim	Paul
Würfel	X										
Quader											
Pyramide											
Zylinder											
Kegel											
Kugel											

2 Immer 2 Körper ergeben zusammengesetzt einen Würfel. Verbinde.

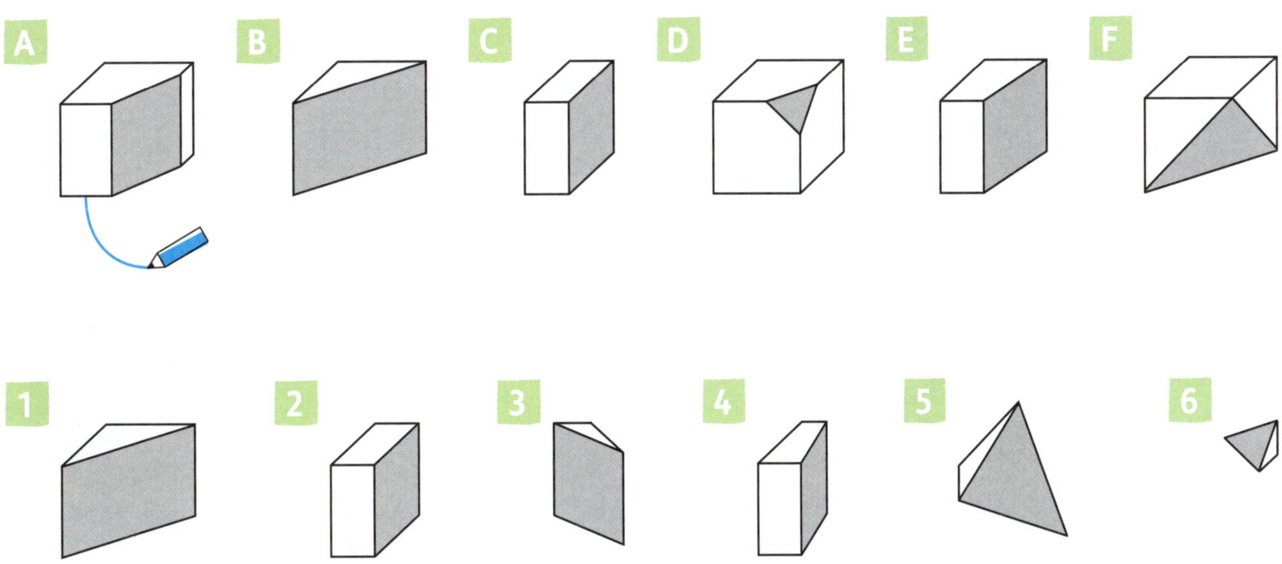

1 Kippe und schreibe den Weg in der Tabelle auf. Welche Fläche liegt zum Schluss oben?

a)

b)

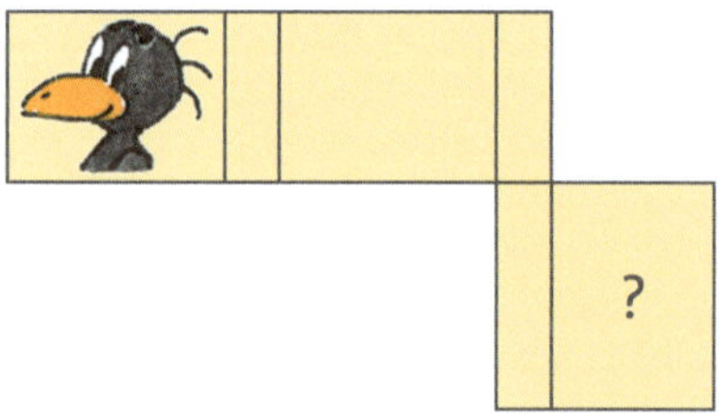

c)

d)

e)

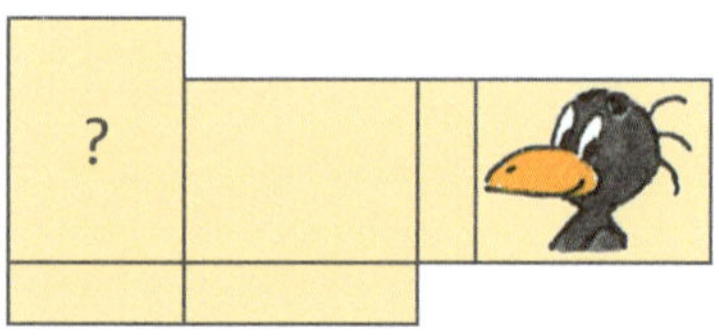

f)

	Weg	letzte Fläche
a)	r, r, r, r	Vorderseite
b)		
c)		
d)		
e)		
f)		

2 Lege eine Streichholzschachtel auf das Traxfeld. Finde durch Kippen heraus, wie man zu den Feldern A, B, C und D kommt. Notiere.

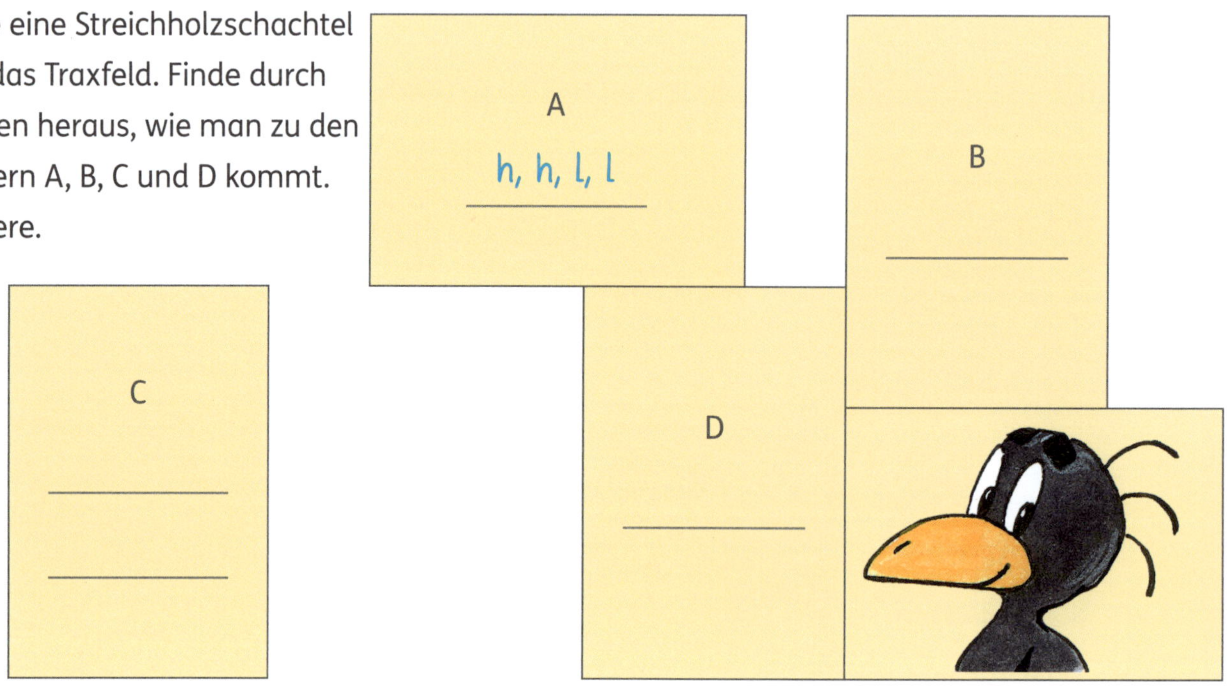

1 Untersuche die Quadernetze.

a) Kennzeichne die Flächen mit **v** (**h**, **l**, **r** und **o**).

u: untere Fläche
o: obere Fläche
v: vordere Fläche
h: hintere Fläche
l: linke Fläche
r: rechte Fläche

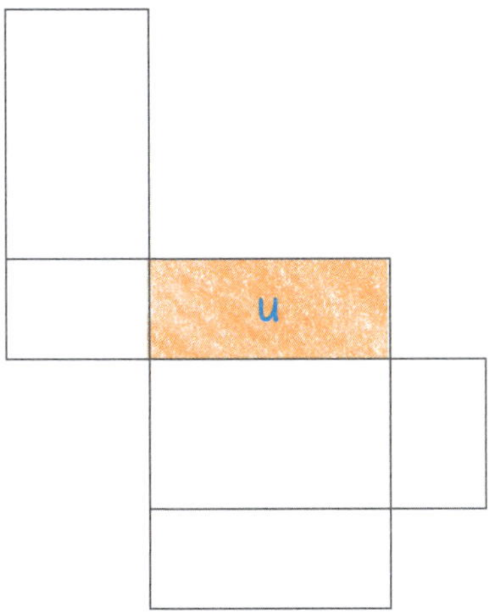

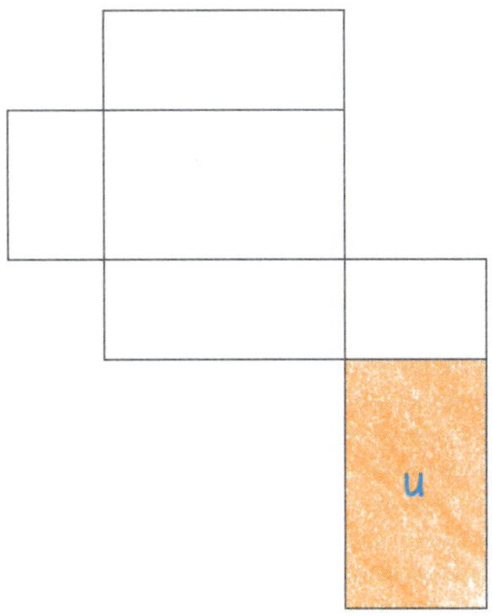

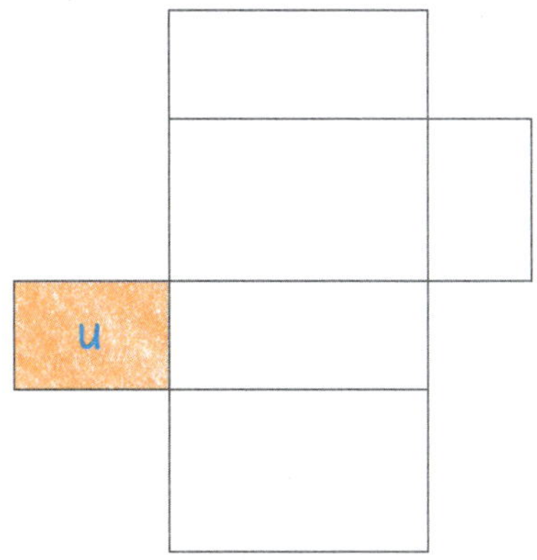

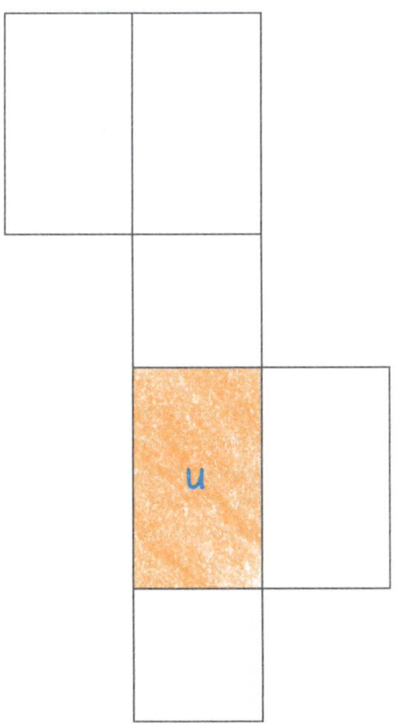

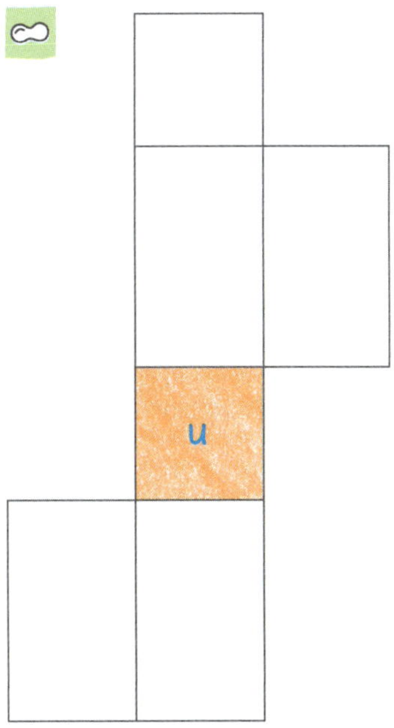

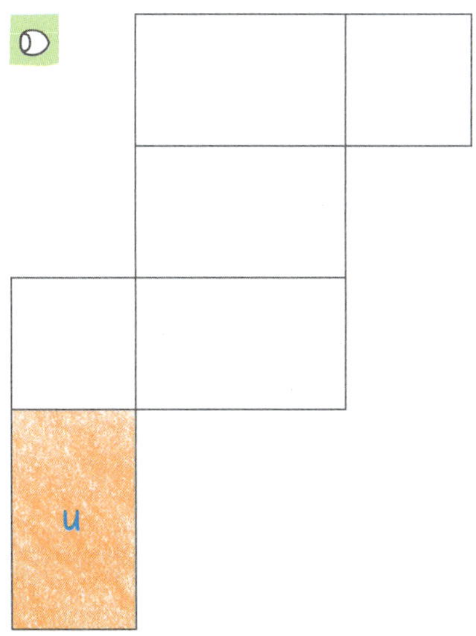

b) Male in jedem Netz die Flächen, die nach dem Falten einander gegenüberliegen, mit der gleichen Farbe an. Verwende die Farben orange, gelb und grün.

Mit Quadern arbeiten

1 Ein Käfer sucht den kürzesten Weg von A nach G.

a) Wie könnte er krabbeln?
Zeichne einen möglichen Weg ein.

b) Wie lang ist der Weg? ____________

c) Wie viele weitere Wege mit dieser Länge gibt es?

____

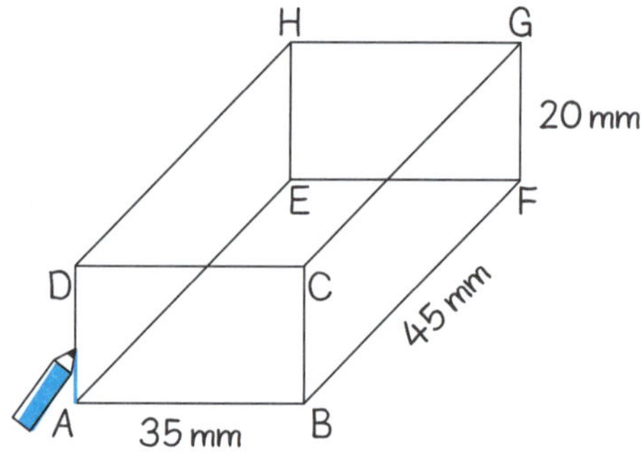

2 Jetzt möchte der Käfer auf dem Weg von A nach G alle Quaderecken genau einmal erreichen.

a) Zeichne einen möglichen Weg ein.

b) Wie lang ist dieser Weg? ____________

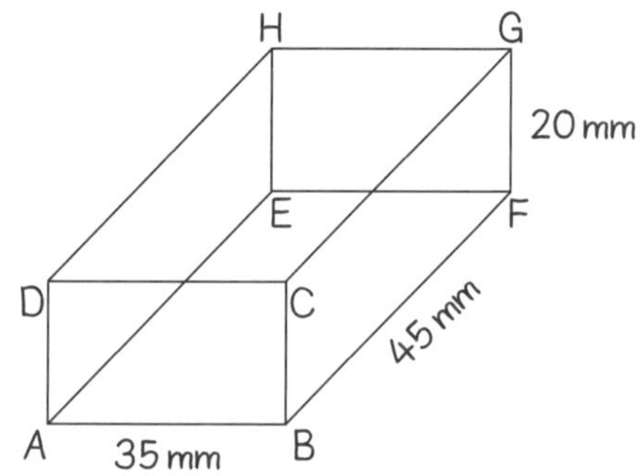

3

A
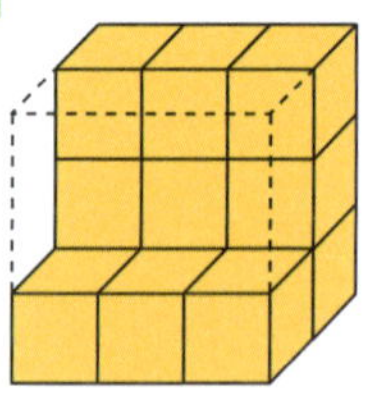

B

C
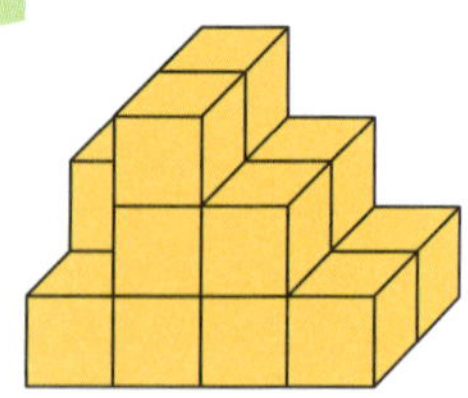

D

E

F
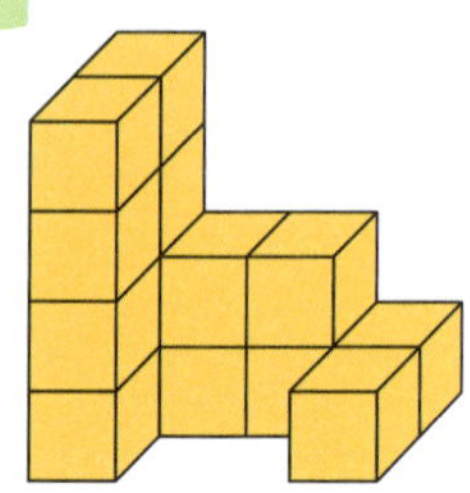

	A	B	C	D	E	F
a) Wie viele Würfel brauchst du, um den Körper zu bauen?	12					
b) Wie viele Würfel sind vollständig verdeckt?	2					
c) Wie viele Würfel fehlen mindestens, damit ein Quader entsteht?						

SB 53 357

1 Zeichne zu jedem Gebäude einen Bauplan und färbe ihn.

a)

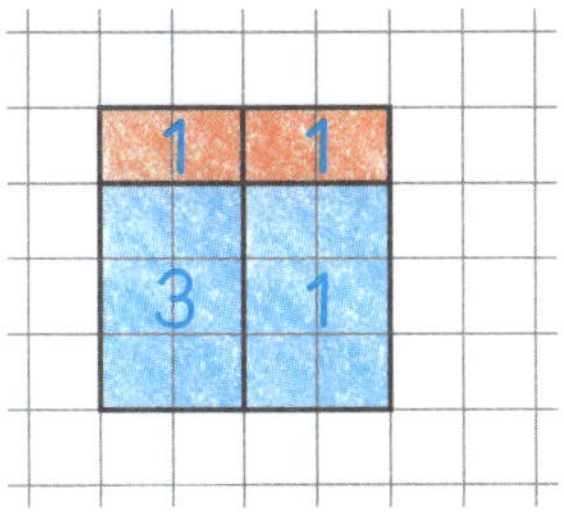

b)

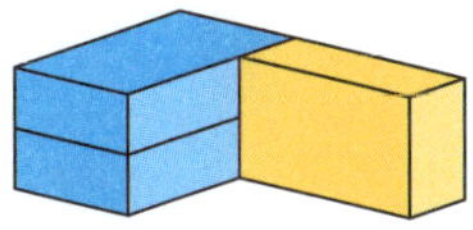

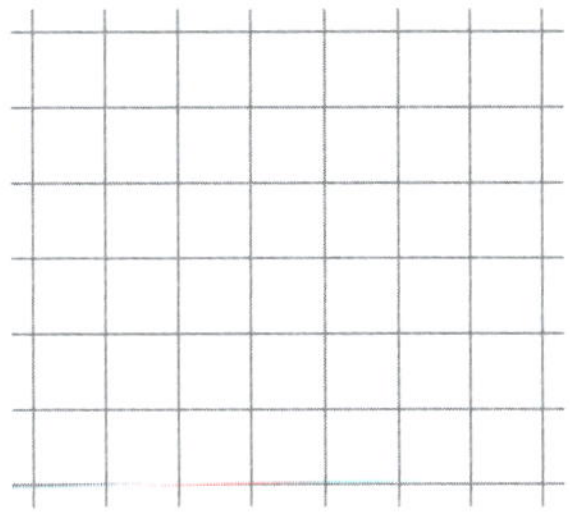

c)

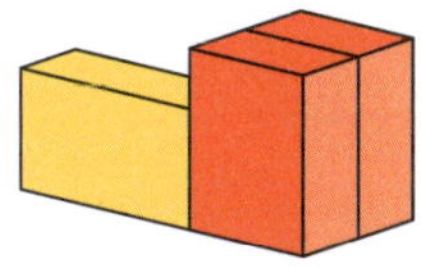

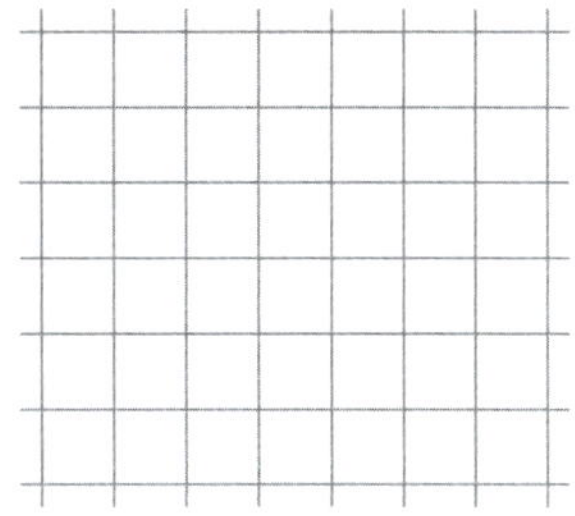

d)

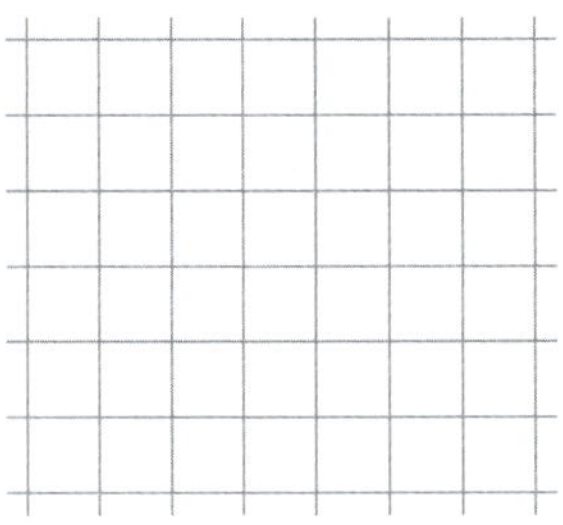

e)

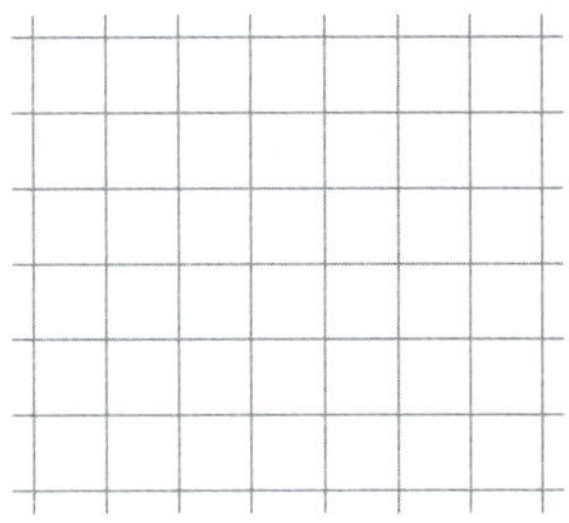

f)

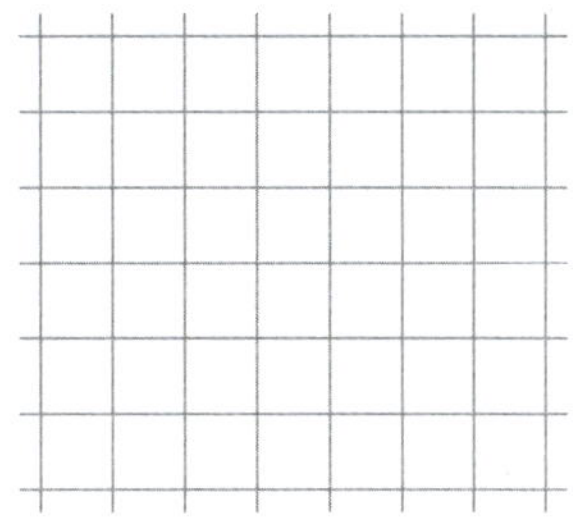

2 Zeichne die Schrägbilder der Gebäude auf das Punktepapier.

a)

b)

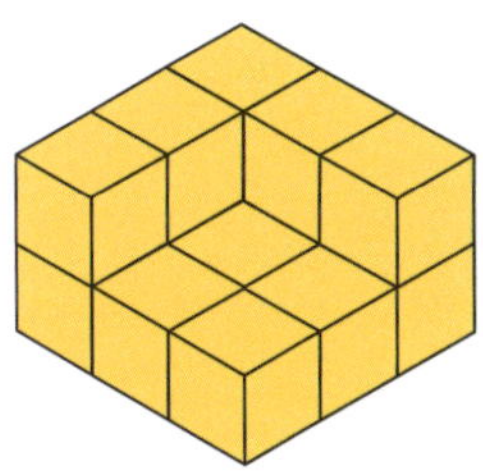

c)

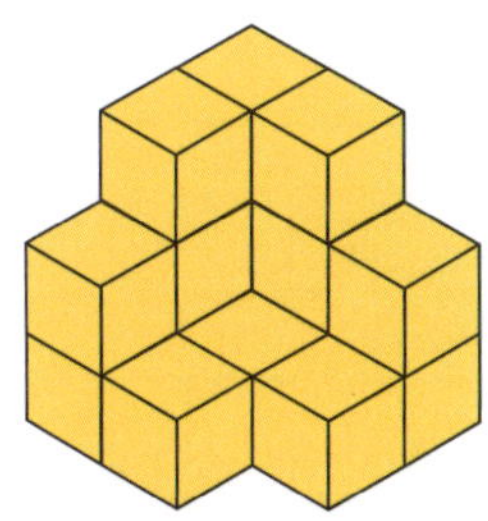

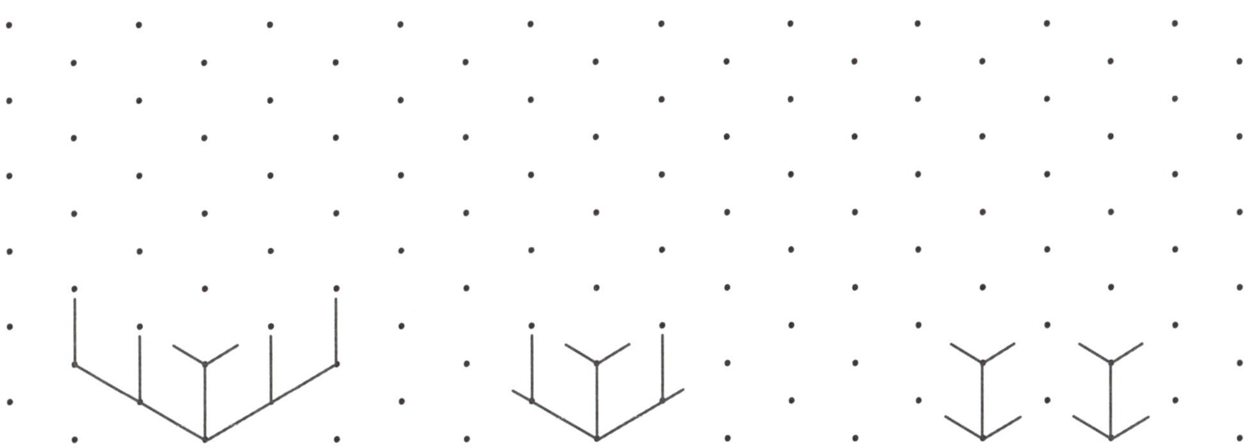

1 Legeregel: Es gibt 6 Formen oder Zeichen. In jeder Zeile, in jeder Spalte und in jedem 2 · 3 Rechteck liegt jede Form oder jedes Zeichen genau einmal.

a)

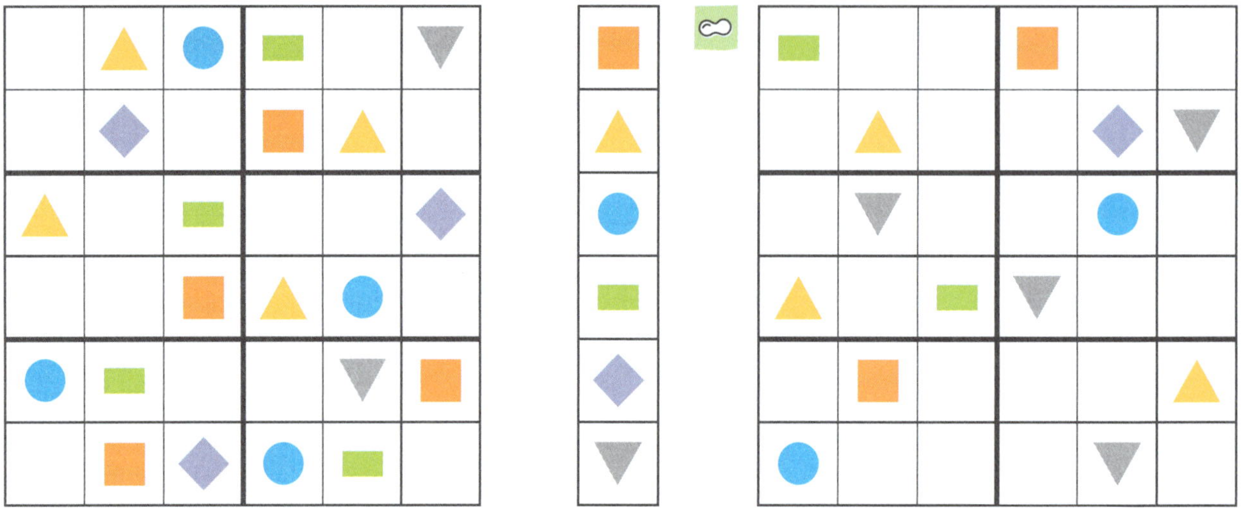

b)

D		A			E
B		F		C	
A		B	C	E	D
E	B	C			
		D			C

A
B
C
D
E
F

	F	E	A		C
	A			E	
E	D		C		
					D
D			F	B	
		A	D		

c)

2		4		3	
5	6				1
6		1	3		
	4		2		6
		2		6	3
	3		5	4	

1
2
3
4
5
6

			2	5	1
	2		4		6
				6	4
5	4				
2		1		4	
6	3	4			

1 Lege ein Hölzchen um, damit die Rechnung stimmt. Zeichne deine Lösung.

a)

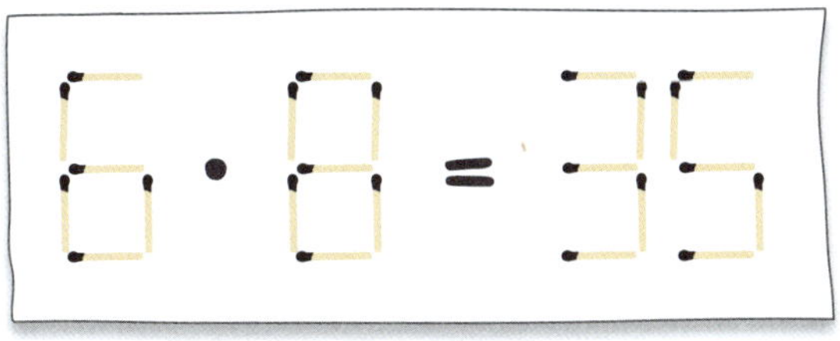

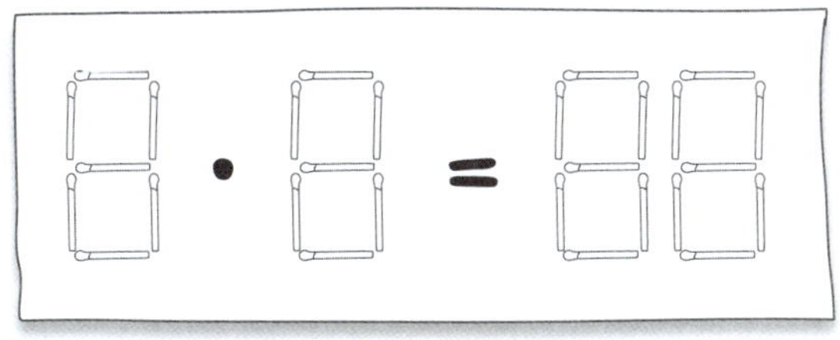

b)

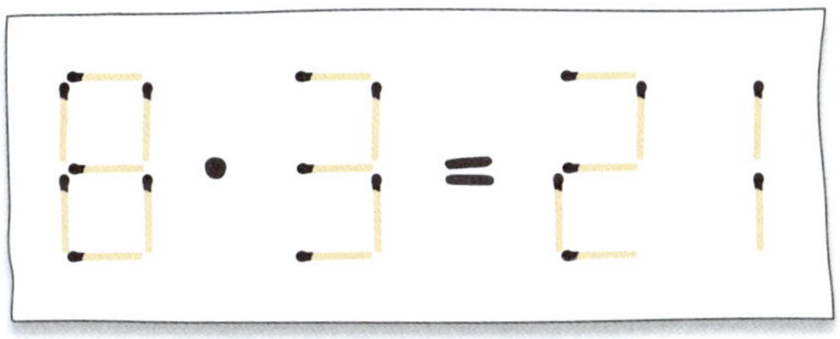

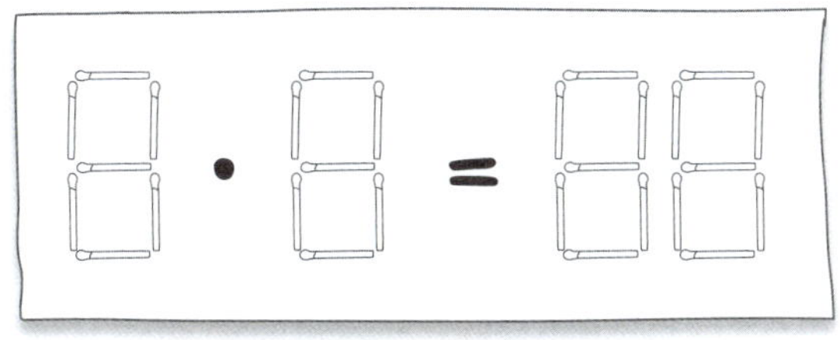

c)

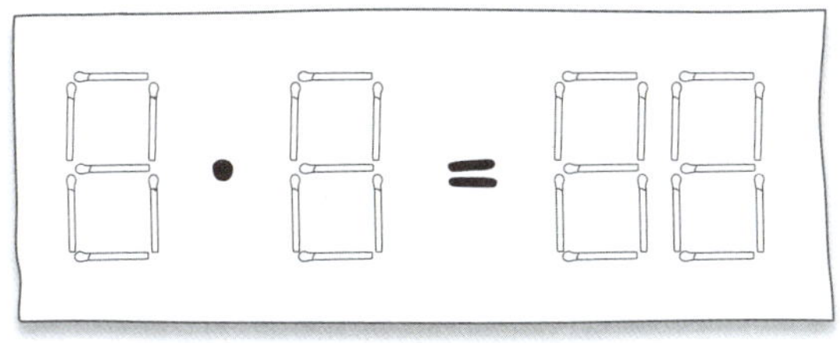

d)

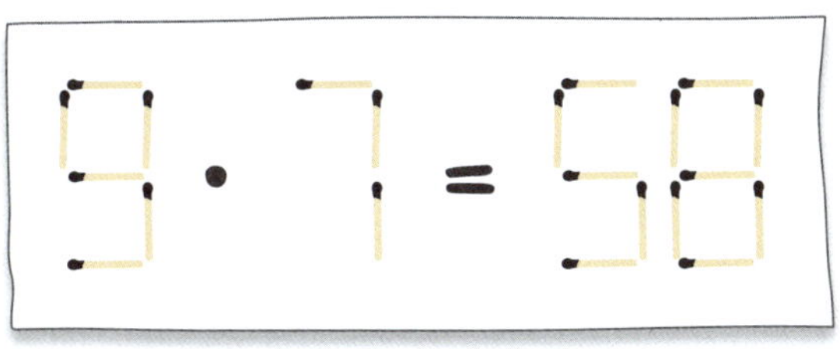

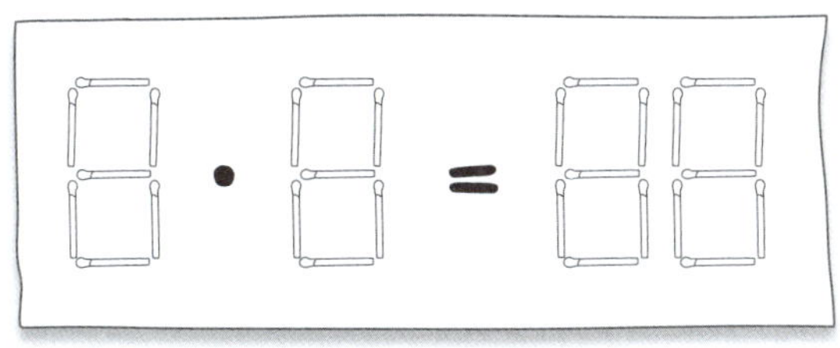

e)

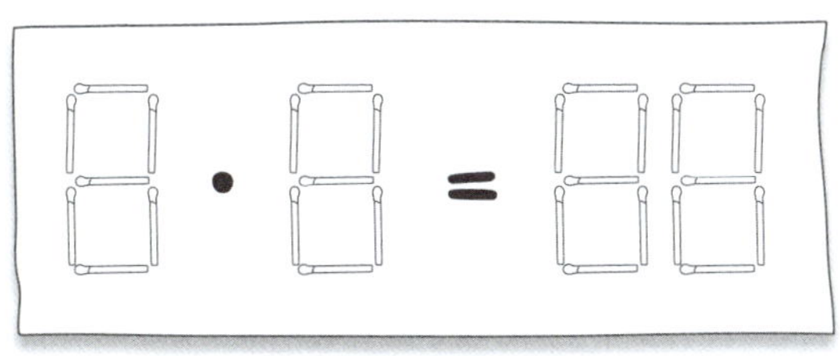

f) Finde 2 Lösungen.

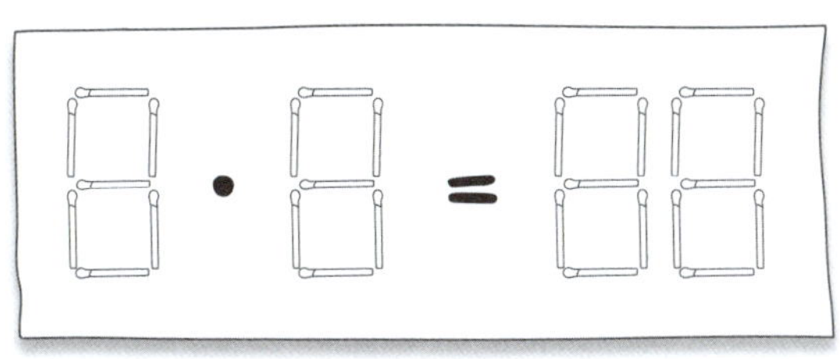

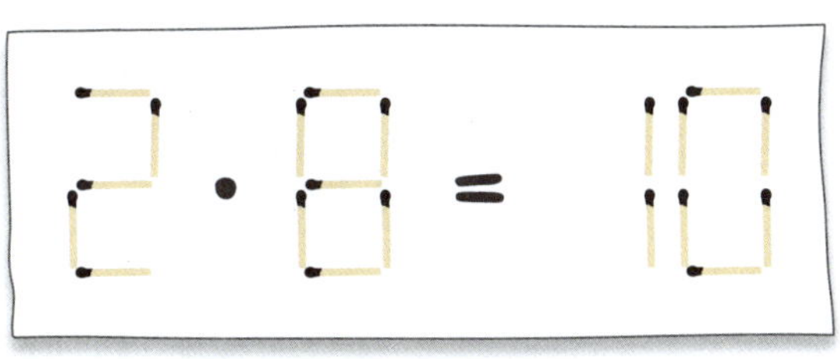

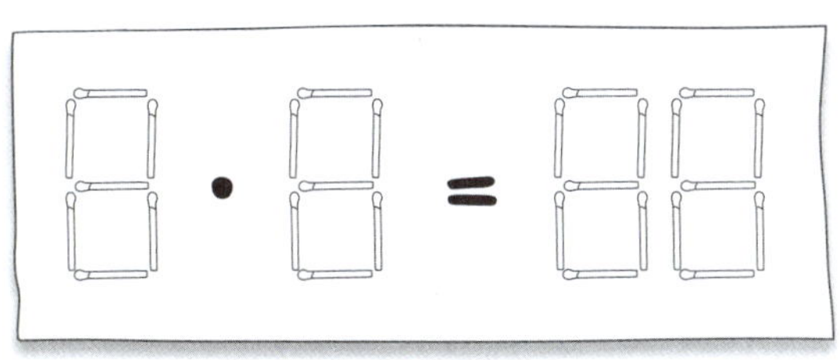

Zahlen bis 1 000 000

1 Wie heißen die Zahlen? Zerlege sie.

a)

HT	ZT	T	H	Z	E
2	5	4	8	7	3

254 873 = 200 000 + 50 000 + ___

b)

HT	ZT	T	H	Z	E
6	1	7	2	9	9

___ = ___

c)

HT	ZT	T	H	Z	E
5	0	3	4	0	2

___ = ___

d)

HT	ZT	T	H	Z	E
3	9	0	0	8	5

___ = ___

e)

E	ZT	H	T	HT
4	6	1	5	2

___ = ___

f)

Z	HT	E	ZT
7	9	8	3

___ = ___

2 Bilde sechsstellige Zahlen. Suche jeweils die kleinste und die größte Zahl.

a) 4 8 1 5 3 9

b) 2 0 9 7 1 6

c) 5 2 0 5 8 0

d) Welche anderen Zahlen lassen sich mit den Ziffern 4 8 1 5 3 9 noch bilden? Schreibe 6 Zahlen auf.

3 a) Wie lang wird etwa die Strecke, wenn 1 000 000 Mathebücher aneinandergelegt werden? Miss die Länge deines Buches und rechne dann mit gerundeten Zahlen.

b) Wie hoch wird der Turm, wenn die Bücher übereinander liegen?

1 Ordne zu.

399 630	399 760	400 000	400 190	400 320	400 450	400 580

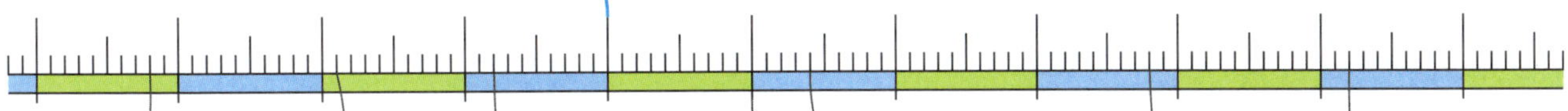

			400 100			

2 Ordne die Zahlen nach der Größe. Beginne mit der kleinsten Zahl.

367 421
376 142
367 412
~~367 124~~
376 241
367 214

367 124

987 654
965 487
986 457
957 674
976 857
944 587

120 453
102 543
102 354
120 345
102 453
120 534

3 Setze die Zahlenfolgen fort.

231 000	235 000	239 000				
729 400	738 400	747 400				
908 600	908 200	907 800				
412 620	419 620	415 620	422 620			
686 800	686 830	686 780	686 810			

4

a) Welche Zahlen sind größer als 475 698 und kleiner als 475 704?

b) Welche Zahlen sind größer als 404 399 und kleiner als das Doppelte von 202 202?

c) Welche Zahlen sind größer als die Hälfte von 666 666 und kleiner als 333 339?

1 Ordne zu.

673 956 | 673 964 | 673 979 | 674 000 | 674 025 | 674 031 | 674 048

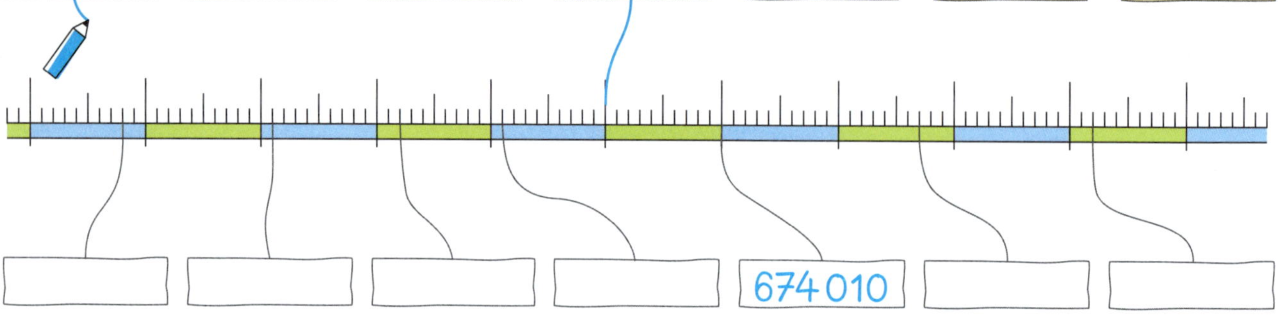

674 010

2 Ergänze die Steckbriefe.

416 372
Vorgänger: ____ Nachfolger: ____
Nachbarzehner: ____ ____
Nachbarhunderter: ____ ____
Nachbartausender: ____ ____
Nachbarzehntausender: ____ ____

____
Vorgänger: 184 333 Nachfolger: ____
Nachbarzehner: ____ ____
Nachbarhunderter: ____ ____
Nachbartausender: ____ ____
Nachbarzehntausender: ____ ____

____
Vorgänger: ____ Nachfolger: 536 001
Nachbarzehner: ____ ____
Nachbarhunderter: ____ ____
Nachbartausender: ____ ____
Nachbarzehntausender: ____ ____

3 Runde auf Hunderter:

542 148 ≈ 542 100
717 592 ____
146 304 ____
703 990 ____

Runde auf Tausender:

643 792 ____
999 605 ____
348 410 ____
467 326 ____

Runde auf Hunderttausender:

212 613 ____
860 477 ____
948 301 ____
573 096 ____

4 Welche Zahlen könnten gerundet worden sein?

gerundet auf Zehner	kleinste Zahl	größte Zahl
305 680	305 675	305 684
174 390		
629 100		
200 000		

gerundet auf Zehntausender	kleinste Zahl	größte Zahl
470 000	465 000	474 999
520 000		
930 000		
800 000		

SB 61 KV 28, 33, 47–48 112–130

1 Welche Zahlen sind hier gelegt? Schreibe auf, wie sie zusammengesetzt werden.

a)
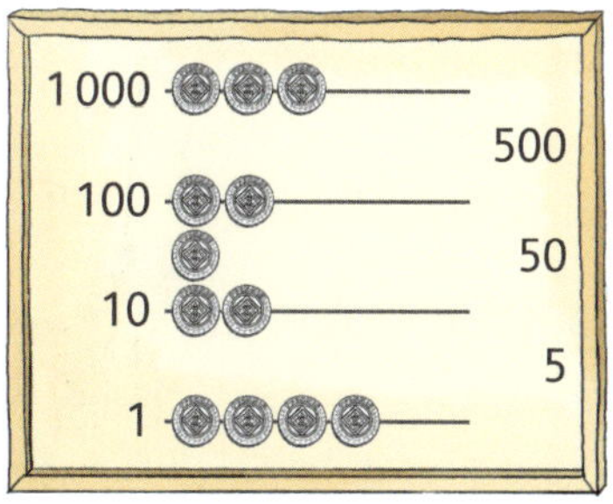

b)
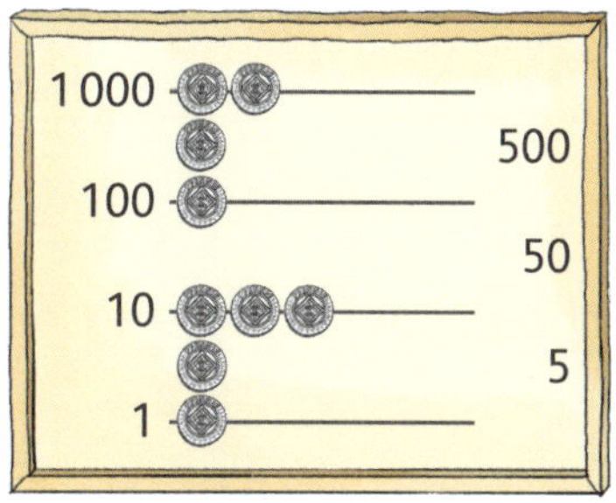

c)
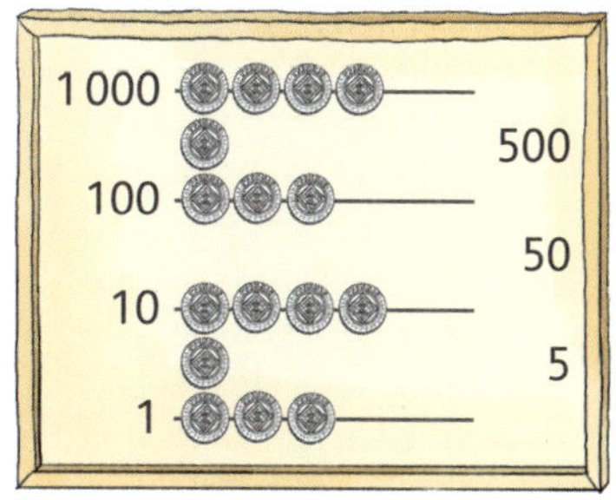

a) 3 000 + 200 + ______________________ = ________

b) ______________________________________ = ________

c) ______________________________________ = ________

2 Zeichne Plättchen ein.

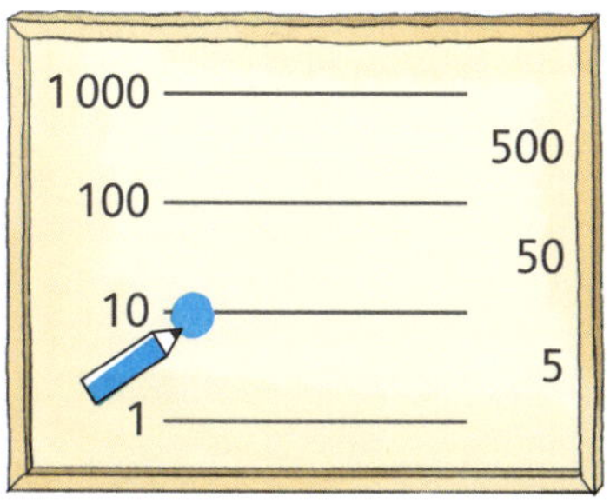

32

124

236

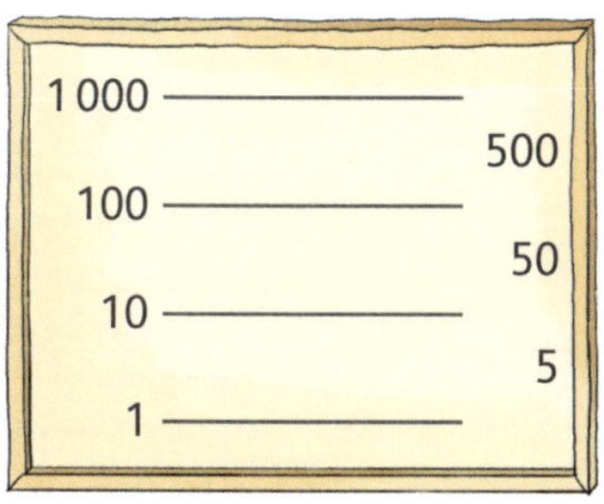

566

1 482

3 779

3 Mit 2 Plättchen kannst du auf dem Rechenbrett 25 verschiedene Zahlen legen.

a) Finde 5 kleine Zahlen und 5 große Zahlen.

klein: 2, ______________________________

groß: ______________________________

b) Finde die noch fehlenden Zahlen.

____

____

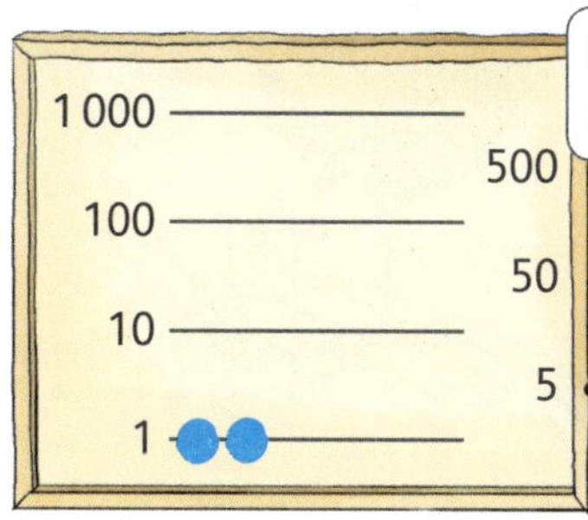

Römische Zahlzeichen

1 a) Vervollständige die Tabelle.

M	D		L		V	
1000		100				1

b) Wie heißen die Zahlen? Schreibe auf, wie sie zusammengesetzt werden.

CCLXVI = 100 + ______

DCXXXII = ______

MMMLX = ______

2 Schreibe die Zahlen auf.

a) XXIII = 23
XXXV = ______
LVI = ______
LXXII = ______

b) CXXVII = ______
CCLXVI = ______
CCCXXVIII = ______
DCLXXXV = ______

c) MCCLI = ______
MDCCCV = ______
MMCLXXXIII = ______
MMDCLXII = ______

3 Schreibe mit römischen Zahlzeichen auf.

a) 32 = XXXII
37 = ______
58 = ______
66 = ______

b) 133 = ______
188 = ______
215 = ______
767 = ______

c) 1 256 = ______
1 630 = ______
2 387 = ______
3 512 = ______

4 Bei Olympischen Sommerspielen finden Wettkämpfe in vielen Sportarten statt, an denen Sportler aus der ganzen Welt teilnehmen. Diese Wettkämpfe finden seit 1896 regelmäßig im Abstand von 4 Jahren statt. Sie werden heute noch mit römischen Zahlzeichen nummeriert. Ergänze die fehlenden Jahreszahlen. Schreibe sie mit römischen Zahlzeichen auf.

Olympiade	Jahr	Austragungsort
I.	MDCCCXCVI	Athen
II.		Paris
III.		St. Louis
IV.		London
V.		Stockholm
XXVII.		Sydney
XXVIII.		Athen
XXIX.		Peking
XXX.		London
XXXI.	MMXVI	Rio de Janeiro

SB 63

1 a)

+	30	9000
148 000		
706 280		
460 570		
599 090		

b)

–	60	8000
509 870		
908 430		
416 200		
750 000		

2 Schreibe untereinander und rechne schriftlich.

a) 647 293 + 173 206
708 097 + 290 917
46 540 + 508 134

b) 806 423 – 538 297
999 099 – 204 038
619 103 – 70 105

c) 275 198 + 61 662 + 304 825
40 721 + 729 589 + 151 347
377 809 + 7 997 + 92 694

268 126 352 039 478 500 548 998 554 674 641 685 795 061 820 499 921 657 999 014

3

	40 100		
	15 000		
2000			13 300

223 500		40 500	
148 300			25 700

14 000			
		238 600	
6 300	700		

18 000		29 980	
	6000	14 900	

1 a)

·	30	700
600		
800		
900		
400		

b)

:	80	800
240 000		
480 000		
320 000		
160 000		

2 Löse der Reihe nach und trage die Buchstaben ein.

[I] [ ] [ ]   [ ] [ ] [ ]   [ ] [ ] [ ]   [ ] [ ] [ ] [ ] [ ] [ ] [ ] [ ] [ ] [ ] [ ] [ ] [ ] [ ] [ ]

S 30 000 **L** 25 000 **!** 83 000 **T** 90 000 **B** 320 000

6 · 70 000 = 420 000
8 · 50 000 = ______
3 · 60 000 = ______
4 · 80 000 = ______

N 126 000, 364 000, 630 000, 60 000

E 603 000, 248 000, 560 000, 24 000

20 · 6 000 = ______
70 · 8 000 = ______
90 · 7 000 = ______
40 · 5 000 = ______

I ~~420 000~~, 140 000, 312 000

5 · 28 000 = ______
7 · 18 000 = ______
9 · 67 000 = ______
8 · 39 000 = ______

K 200 000 **Ü** 40 000

240 000 : 6 = ______
420 000 : 7 = ______
270 000 : 9 = ______
540 000 : 6 = ______

C 400 000, 87 000

52 000 · 7 = ______
74 000 · 5 = ______
62 000 · 4 = ______
29 000 · 3 = ______

H 180 000, 120 000

R 370 000, 64 000

150 000 : 6 = ______
168 000 : 7 = ______
256 000 : 4 = ______
415 000 : 5 = ______

SB 65

1 Ⓠ

H	Z	E		
3	1	3	·	3

21

H	Z	E		
4	3	2	·	2

18

H	Z	E		
2	2	3	·	2

14

H	Z	E		
3	4	2	·	2

18

T	H	Z	E		
1	2	2	1	·	4

24

T	H	Z	E		
2	3	2	1	·	3

24

T	H	Z	E		
1	1	0	1	·	7

21

T	H	Z	E		
3	3	0	3	·	3

27

2 Ⓠ Rechne schriftlich.

434 · 2 (22) | 132 · 3 (18) | 2012 · 4 (20) | 3302 · 3 (24) | 40243 · 2 (26) | 31023 · 3 (27)

3 a) Welche Zahl erhältst du, wenn du zum 2-Fachen von 1332 das 3-Fache von 2313 addierst?

1332 · 2

Die Zahl heißt: ____________.

b) Welche Zahl erhältst du, wenn du vom 4-Fachen von 21211 das 3-Fache von 2033 subtrahierst?

Die Zahl heißt: ____________.

4

a) _340 · 2 = 4_80

b) _022 · 4 = 4_8_

c) __13 · 3 = 993_

d) _1_1 · _ = 6606

e) 2_21 · _ = _484

f) 4324 · _ = __48

g) 3_02 · _ = _606

Schriftlich multiplizieren mit Übertrag

1 (Q)

H	Z	E			
2	1	9	·	4	21

H	Z	E			
1	6	2	·	6	18

H	Z	E			
2	8	3	·	3	21

H	Z	E			
1	7	8	·	4	10

T	H	Z	E			
1	7	1	3	·	5	24

T	H	Z	E			
8	6	9	7	·	8	33

T	H	Z	E			
4	3	8	2	·	7	20

T	H	Z	E			
6	2	7	6	·	9	27

2 (Q) Rechne schriftlich.

196 · 5 (17) | 142 · 7 (22) | 2 183 · 4 (20) | 1 374 · 6 (18) | 36 095 · 8 (31) | 74 809 · 9 (27)

3

a) Welche Zahl erhältst du, wenn du zum 5-Fachen von 4 637 das 7-Fache von 1 928 addierst?

4 6 3 7 · 5

Die Zahl heißt: ____________.

b) Welche Zahl erhältst du, wenn du vom 8-Fachen von 2 596 das 4-Fache von 3 784 subtrahierst?

Die Zahl heißt: ____________.

4

a) ◯ 5 4 3 · 3 = 7 6 ◯ 9

b) 6 7 3 2 · 5 = 3 ◯ 6 ◯ 0

c) ◯ 1 0 6 · 4 = 1 2 4 ◯ ◯

d) 4 ◯ 3 ◯ · 7 = ◯ 8 9 2 4

e) ◯ 4 5 1 · ◯ = 2 6 ◯ 0 6

f) ◯ 9 8 9 · ◯ = 1 5 ◯ 7 8

g) 4 5 7 6 · ◯ = ◯ ◯ ◯ 3 2

SB 67

1 Überschlage zuerst. Rechne dann genau.

Ü: 900 · 6 =
897 · 6 (18)

Ü:
429 · 8 (12)

Ü:
438 · 7 (15)

Ü:
16583 · 5 (25)

Ü:
64791 · 4 (27)

Ü:
276095 · 3 (33)

Ü:
138592 · 7 (25)

2 Finde die 8 Rechenfehler und korrigiere sie.

239 · 4 = ~~8156~~ f 956	548 · 7 = 3836	9086 · 7 = 3602	27361 · 3 = 82083
1483 · 6 = 8498	790 · 9 = 684	8572 · 8 = 68576	18347 · 4 = 43388
5613 · 5 = 253065	4958 · 2 = 9916	70693 · 6 = 224158	96087 · 9 = 64783

3 Schreibe zu jeder Aufgabe 2 verschiedene Überschläge auf. Unterstreiche jeweils den Überschlag, der dem Ergebnis am nächsten liegt.

382 · 4

2461 · 3

1309 · 7

Wie rechnest du?

1 Entscheide, wie du rechnest. Färbe jeweils den Brief in der Farbe des Briefkastens.

202 · 3	41 000 · 6	95 768 · 2
5 · 57 010	4 · 88 849	7 · 70 002
3 000 · 8	577 894 · 1	69 999 · 9

2

a) Meine Zahl erhalte ich, wenn ich 54 717 mit der Hälfte von 16 multipliziere.

30

b) Meine Zahl ist das 9-Fache des Doppelten von 30 303.

27

c) Meine Zahl erhalte ich, wenn ich das 3-Fache von 2 mit dem 5-Fachen von 11 111 multipliziere.

15

SB 69

1 Für die Schulbücherei können neue Bücher bestellt werden. Es stehen 300 € zur Verfügung.

a) Berechne für die einzelnen Bestellungen jeweils den Preis.

A 4 Sachbücher Fahrzeuge — 14,89 €

Ü:

25

B 2 Bücher Songs für coole Kids — 21,75 €

Ü:

12

C 5 Gespensterbücher — 18,49 €

Ü:

20

D 8 Abenteuerbücher — 10,58 €

Ü:

22

b) Überschlage den Gesamtpreis für die Buchbestellung. Wie viel Geld bleibt etwa übrig?

2 Wie viel Geld kannst du bei jedem Angebot sparen?

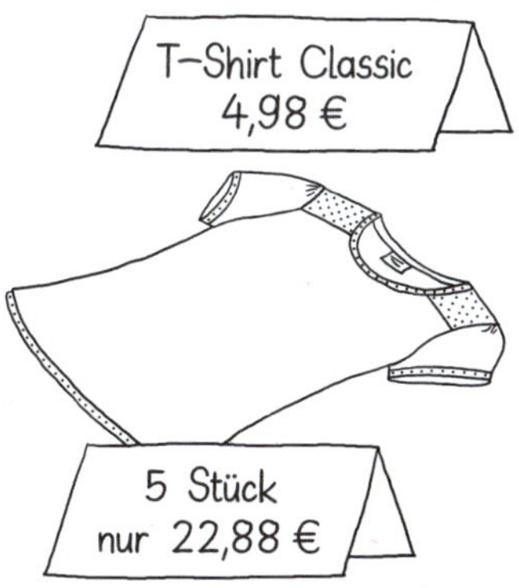

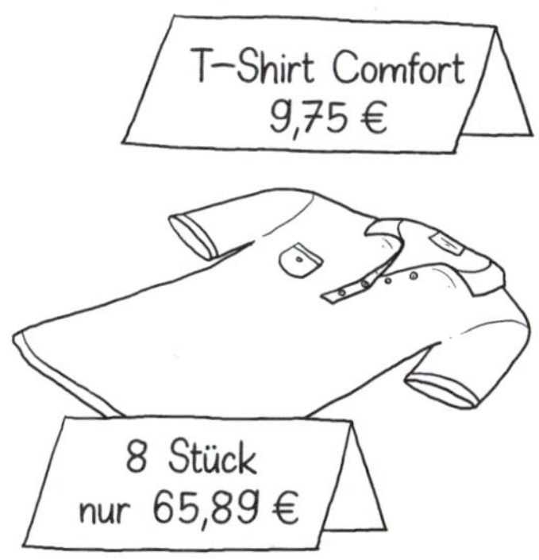

1 Die Drillinge Emil, Lea und Moritz haben in ihren Geldbeuteln zusammen genau 21 €. Lea hat 40 ct mehr als Emil und 10 ct weniger als Moritz.

F: Wie viel Geld hat jeder von ihnen in seinem Geldbeutel?

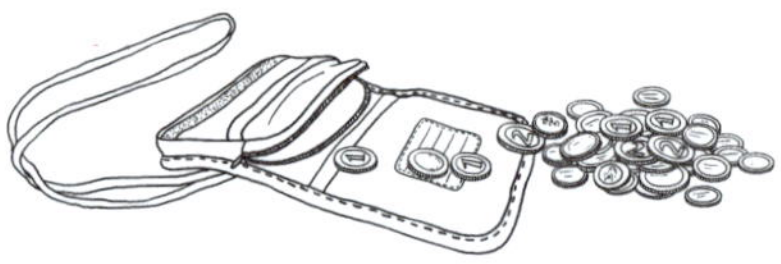

A: ___

L:

+ 40 ct − 10 ct

Emil	Lea	Moritz	zusammen

2 Auf Sinas Balkon gibt es viele kleine Tiere. Es gibt halb so viele Spinnen wie es Käfer gibt. Insgesamt haben die Tiere 120 Beine.

F: Wie viele Käfer und wie viele Spinnen gibt es jeweils?

A: ___

L:

: 2

Käfer	Spinnen	zusammen

3 Reifenhändler Schlaule hat Autoreifen und Motorradreifen im Lager. Insgesamt sind es 150 Reifen. Die Autoreifen reichen für 12 Fahrzeuge mehr als die Motorradreifen.

F: Für wie viele Autos und für wie viele Motorräder reichen die Reifen?

A: ___

L:

SB 71

1 Mit welcher Gleichung kannst du die Aufgaben lösen? Verbinde, löse und antworte.

Die Kinder des Fußballvereins übernachten in einer Berghütte.
Im Schlafsaal schlafen 17 Kinder. Die restlichen Kinder schlafen in 2 Fünferzimmern.
Wie viele Kinder sind insgesamt dabei?
A: ______________________________
____

Die 17 Kinder der Klasse 4b der Kästner-Grundschule gehen mit 2 Begleitpersonen ins Theater. Die Vorstellung kostet pro Person 5 Euro.
Wie teuer ist der Theatereintritt insgesamt?
A: ______________________________
____

$(17 + 2) \cdot 5 =$ ____

In der Kinderabteilung des Kleidergeschäfts liegen 17 Packungen mit blauen Boxershorts und 2 Packungen mit grünen Boxershorts. In jeder Packung sind 5 Boxershorts.
Wie viele Boxershorts sind es insgesamt?
A: ______________________________
____

$17 + 2 \cdot 5 =$ ____

Frau Bever kauft im Elektronikfachgeschäft ein. Sie kauft ein Computerspiel für ihre Tochter für 17 € und 2 LED-Sparlampen für je 5 €.
Wie viel muss Frau Bever insgesamt bezahlen?
A: ______________________________
____

2 Schreibe zur Gleichung eine passende Rechengeschichte.

$(17 - 2) \cdot 5 =$ ____

____
____
____
____
____
____
____

1 Ordne zu.

324 970	324 996	325 000	325 023	325 039	325 055	325 062

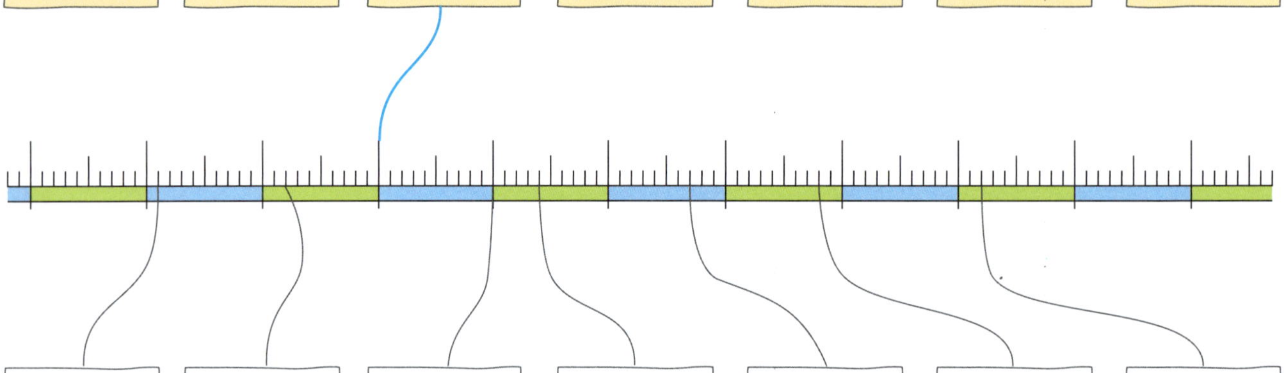

		325 010				

2 Ordne die Zahlen nach der Größe. Beginne mit der kleinsten Zahl.

876 543
854 376
875 346
865 746
876 345
~~853 476~~

853 476

478 532
487 253
478 523
487 352
478 325
487 532

140 654
140 564
104 654
140 456
104 564
140 645

3 Rechne schriftlich.

Q

413 · 2 16	6 159 · 5 24	34 561 · 4 22
504 · 7 18	8 340 · 9 18	45 819 · 6 27

4 Zeichne die Zeiger ein. Ergänze die 2. Uhrzeit.

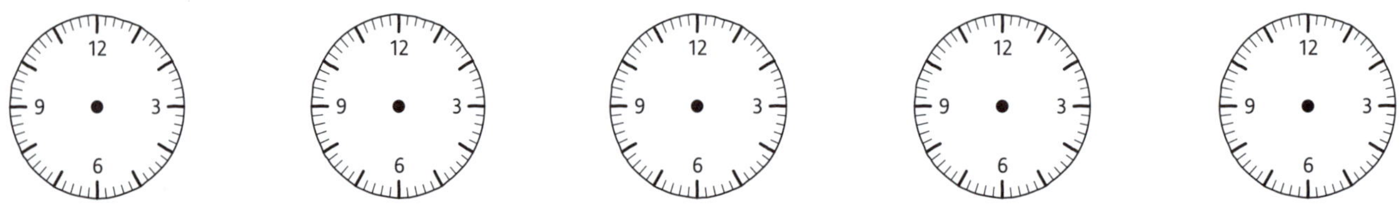

7.15 Uhr	9.30 Uhr	16.05 Uhr	20.18 Uhr	14.47 Uhr
19.15 Uhr				

SB 74–75 KV 28, 80–82

1

Wassermelone

Ananas

Walnuss

Kürbis

Apfel

9 kg 453 g

1 250 g

9 g

0,122 kg

2,5 kg

a) Was gehört zusammen?
Male mit derselben Farbe an.

b) Trage in die Tabelle ein.

		kg	g			
Kürbis	g					kg

2 Ordne die Gewichtsangaben nach der Größe. Die Buchstaben ergeben ein Lösungswort.

a)

2 500 g	M	52 g	G
52 kg	M	______	☐
0,250 kg	R	______	☐
~~52 g~~	G	______	☐
0,52 kg	A	______	☐

b)

3,73 kg	G	______	☐
373 g	A	______	☐
33 kg 7 g	E	______	☐
0,337 kg	W	______	☐
3,073 kg	A	______	☐

3 Überprüfe die Aussagen durch Überschlagen.
Male falsche Aussagen rot und richtige Aussagen grün an.

Ein Kürbis wiegt ungefähr so viel wie 5 Ananas.

400 Wassermelonen wiegen ungefähr eine Tonne.

Eine Wassermelone wiegt ungefähr so viel wie 250 Walnüsse.

Kürbis schmeckt lecker!

40 Ananas sind zusammen viel schwerer als 2 Viertklässler.

Kommaschreibweise bei Tonne und Kilogramm

1

A

km/h	208
PS/kW	177/130
0–100 km/h	9,3 s
Gewicht	1,2 t

B

km/h	160
PS/kW	85/60
0–100 km/h	14 s
Gewicht	980 kg

C

km/h	200
PS/kW	177/130
0–100 km/h	10,5 s
Gewicht	1 610 kg

D

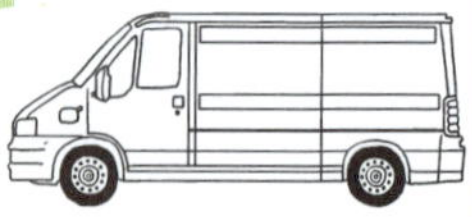

km/h	160
PS/kW	155/110
0–100 km/h	12 s
Gewicht	2 t 10 kg

Ordne die Fahrzeuge nach dem Gewicht und trage sie in die Tabelle ein.

		t	kg			
B	kg					t

2 Male gleiche Gewichtsangaben mit derselben Farbe an.

124 kg | 0,505 t | 0,5 t | 1,24 t | 5 t 50 kg | 12 400 kg

505 kg | 12,4 t | 0,124 t | 5 050 kg | 0 t 124 kg | 1,240 t

1 240 kg | 500 kg | 12 t 400 kg | 5,05 t | 0 t 505 kg | 0,500 t

3 a) Setze die richtigen Gewichtsangaben ein:
Axels LKW hat ein Leergewicht von
__________ und darf mit Ladung höchstens
__________ wiegen. Für eine Schule hat er
15 Tische mit je __________ und dazu
30 Stühle mit je __________ geladen.
Außerdem hat er noch 2 Schränke für das
Lehrerzimmer mit je __________ dabei.

7,5 t | 3 kg | 3,5 t | 10 kg | 100 kg | 0,9 t

b) Wie schwer ist der LKW mit der gesamten Ladung?

Eine Angabe bleibt übrig. Kreise sie ein.

1 Was passt zusammen? Verbinde.

Ein Feldhamster kann bis zu 500 g wiegen.	Eine Hausratte wiegt ungefähr 250 g.	Das Bison hat ein durchschnittliches Gewicht von 750 kg.

$\frac{1}{4}$ kg | $\frac{1}{2}$ kg | $\frac{3}{4}$ kg | $\frac{1}{4}$ t | $\frac{1}{2}$ t | $\frac{3}{4}$ t

Ein männlicher Löwe ist bis zu 250 kg schwer.	Ein Meerschweinchen wiegt dreimal soviel wie eine Hausratte.	Ein Haflinger Pferd wird doppelt so schwer wie ein Löwenmännchen.

2 Male gleiche Gewichtsangaben mit derselben Farbe an.

$3\frac{1}{4}$ t | $\frac{1}{4}$ t | $1\frac{1}{2}$ kg | eine viertel Tonne | $2\frac{1}{4}$ t | 500 kg | 0,5 t | 3 250 kg | zweieinviertel Tonnen | 1 500 g | 0,75 kg | 3 t 250 kg | $\frac{3}{4}$ kg | eineinhalb Kilogramm | 750 g | 250 kg | $\frac{1}{2}$ t | 2,25 t

3 Ordne die Gewichtsangaben nach der Größe. Die Buchstaben ergeben ein Lösungswort.

a)

Gewicht	Buchstabe	Geordnet	Buchstabe
800 g	D	100 g	P
$\frac{1}{2}$ kg	E	___	☐
~~100 g~~	P	___	☐
$\frac{3}{4}$ kg	R	___	☐
0,2 kg	F	___	☐

b)

Gewicht	Buchstabe	Geordnet	Buchstabe
$1\frac{1}{4}$ t	E	___	☐
30 000 g	O	___	☐
$\frac{1}{2}$ t	N	___	☐
25 kg	T	___	☐
$\frac{3}{4}$ t	N	___	☐

4 Setze jeweils g, kg oder t ein.

Bei der Geburt wog Lisa 4 250 ____. Mittlerweile ist sie 10 Jahre alt und wiegt $32\frac{1}{2}$ ____. Ihre Schultasche ist mit $5\frac{1}{2}$ ____ viel zu schwer. Im Matheunterricht hat Lisa ausgerechnet, dass die Schultaschen aller Kinder an der Schule zusammen rund $\frac{1}{2}$ ____ wiegen würden. Das wäre immer noch viel leichter als das Auto ihrer Lehrerin, das 1 300 ____ wiegt. Lisa kommt nicht mit dem Auto zur Schule. Sie fährt immer mit ihrem Fahrrad, das mit 8 700 ____ besonders leicht ist.

1 a) Setze in jedem Abschnitt des Textes die daneben stehenden Angaben richtig ein.

Säugetiere

Der Begriff Säugetiere benennt alle Tiere, die ihren Nachwuchs mit Muttermilch säugen. Dabei könnten die Unterschiede zwischen den Arten kaum größer sein: Das kleinste Säugetier, die __________ wiegt gerade mal __________, das größte Säugetier, der Blauwal, bringt es auf stattliche __________. Das größte an Land lebende Säugetier ist übrigens der afrikanische Elefant, dessen Gewicht etwa __________ erreicht. Dabei nimmt er täglich den dreißigsten Teil seines Körpergewichtes, also etwa __________ als rein vegetarische Nahrung zu sich und trinkt ungefähr __________ Wasser.

Spitzmaus | 200 kg | 6 t | 3 g | ~~Muttermilch~~ | 100 l | 150 t

Manche Säugetiere können sogar fliegen. Diese Gruppe nennt man __________. Zu ihr gehören die Fledermäuse und die Flughunde, die eine Flügelspannweite von bis zu __________ erreichen. Es gibt etwa __________ unterschiedliche Arten von Säugetieren. Davon leben nur rund __________ Arten im Meer. Die restlichen Säugetiere sind Landtiere. Viele Säugetiere hat sich der Mensch zu Nutzen gemacht. Die Liste dieser Nutztiere reicht vom __________ schweren Hauskaninchen bis zum __________ schweren Hausrind.

130 | 1,7 m | 2 000 g | Fledertiere | 1 100 kg | 4 500

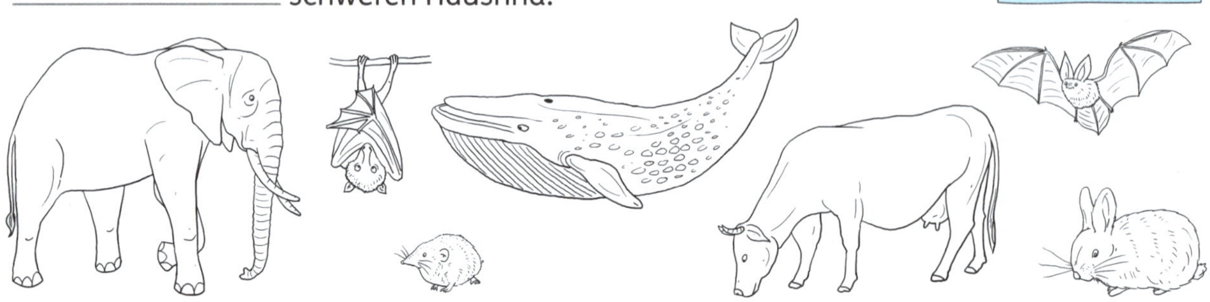

b) Wie viele Spitzmäuse wiegen zusammen etwa ein Kilogramm?

c) Wie viele Spitzmäuse sind zusammen so schwer wie ein afrikanischer Elefant?

SB 79 289 – 294

1 Q

H	Z	E				H	Z	E
6	7	2	:	4	=			
−4								
2	7							
−2	4							
	3	2						
	−3	2						
		0						

15

H Z E : H Z E
8 9 6 : 7 =
11

H Z E : H Z E
9 7 5 : 5 =
15

891 : 3 =
18

976 : 8 =
5

828 : 6 =
12

T H Z E : T H Z E
5 6 8 8 : 3 =
24

T H Z E : T H Z E
7 8 9 2 : 4 =
20

2 Überschlage. Trage jeweils den Lösungsbuchstaben deines Ergebnisses ein.

12 261 : 3 [B]
81 962 : 2 [ ]
362 115 : 9 [ ]
3 424 : 8 [ ]
20 765 : 5 [ ]
798 644 : 2 [ ]

400	A
4 000	B
40 000	C
400 000	D

1 698 : 4 [ ]
29 792 : 7 [ ]
863 264 : 2 [ ]
2 478 : 6 [ ]
207 680 : 5 [ ]
34 884 : 9 [ ]

Schriftlich dividieren

1 Überschlage. Rechne. Kontrolliere mit der Probe.

Ü: 360
356 : 4 = 8
− 32
   3
−
P: · 4

Ü:
518 : 7 =
−
−
P:

Ü:
492 : 6 =
−
−
P:

Ü:
485 : 5 =
P:

Ü:
207 : 3 =
P:

Ü:
792 : 9 =
P:

2

Ü:
69456 : 8 =
P:

Ü:
37908 : 4 =
P:

3

a)
_9_2 : 2 = 3_7_
− _
 19
− 1_
  15
− 1_
   12
− __
    0

b)
_8_0 : _ = 1_6_
− 5
 48
− 45
  34
− __
   40
− __
    0

SB 81

1 Überschlage. Rechne. Kontrolliere mit der Probe.

Ü:

816 : 2 = 4
− 8
01
−
P:
−

Ü:

763 : 7 =
−
−
P:
−

Ü:

927 : 3 =
−
−
P:
−

2

Ü:

92368 : 4 =

P:

Ü:

64854 : 6 =

P:

3 Finde Rechenfehler und korrigiere sie.

872 : 8 = ~~19~~ 109
− 8
07
− 0
72
− 72
0

738 : 6 = 123
− 6
13
− 12
18
− 18
0

623 : 7 = 89
− 0
62
− 56
63
− 63
0

9735 : 5 = 1747
− 5
37
− 35
23
− 20
35
− 35
0

9684 : 9 = 1075
− 9
06
− 0
68
− 63
54
− 54
0

1 Entscheide, wie du rechnest. Färbe jeweils den Brief in der Farbe des Briefkastens.

80 008 : 2

465 : 5

9 300 : 3

837 : 9

1 206 : 6

686 : 7

90 896 : 8

255 : 5

25 704 : 6

SB 83

1 Rechne. Kontrolliere mit der Probe.

Ü:

7 4 3 9 : 5 = 1 R
− 5

P: + =

Ü:

8 6 5 7 : 3 = R

P: + =

Ü:

2 0 8 1 8 : 6 =

P:

Ü:

3 9 0 0 2 1 : 9 =

P:

2 In einer Spielzeugfabrik wurden 6 500 Bälle hergestellt. Sie werden in Netze verpackt.
In jedes Netz passen 7 Bälle.
Wie viele Bälle fehlen, damit auch das letzte Netz voll wird?

1 a) Für die Einrichtung des neuen Lesezimmers der Grundschule werden Möbel gekauft. Berechne jeweils den Einzelpreis der Möbelstücke.

A 3 Regale
Gesamtpreis: 917,85 €

B 8 Stühle
Gesamtpreis: 475,60 €

Ü:

917,85 € : 3 =

P:

Ü:

P:

C 4 Tische
Gesamtpreis: 635,40 €

D 2 Schränke
Gesamtpreis: 991,50 €

Ü:

Ü:

b) Insgesamt stehen für das neue Lesezimmer 3 500 € zur Verfügung. Vom Restgeld können noch Bücher gekauft werden. Berechne das Restgeld.

SB 85

1 Rot gewinnt. Färbe jeweils die Glücksräder in Rot, Blau und Gelb mit folgenden Gewinnchancen:

a) Maxim hat eine sehr geringe Gewinnchance. Kiara gewinnt sicher.

b) Mara hat genau die gleiche Gewinnchance wie Kian.

c) Luis hat eine etwas höhere Gewinnchance als Lina.

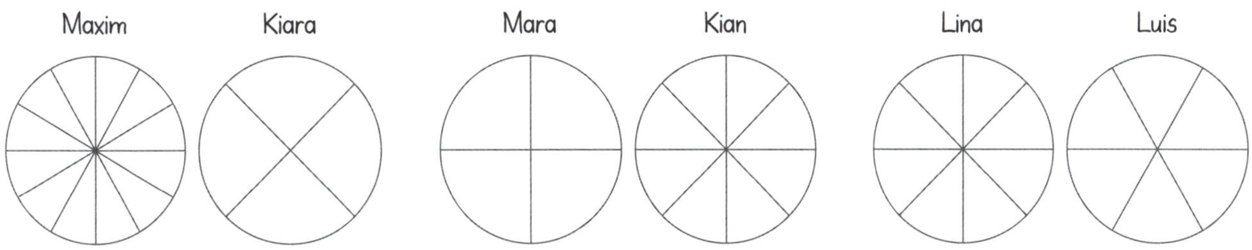

2 Wie hoch sind die Gewinnchancen der Kinder bei den Glücksrädern A und B? Trage deine Vermutungen auf dem Wahrscheinlichkeitsstreifen ein.

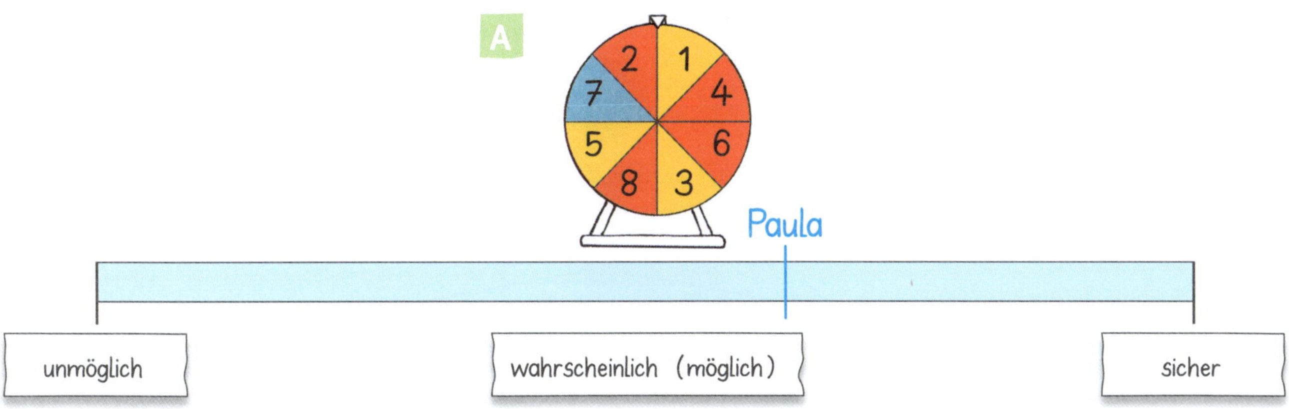

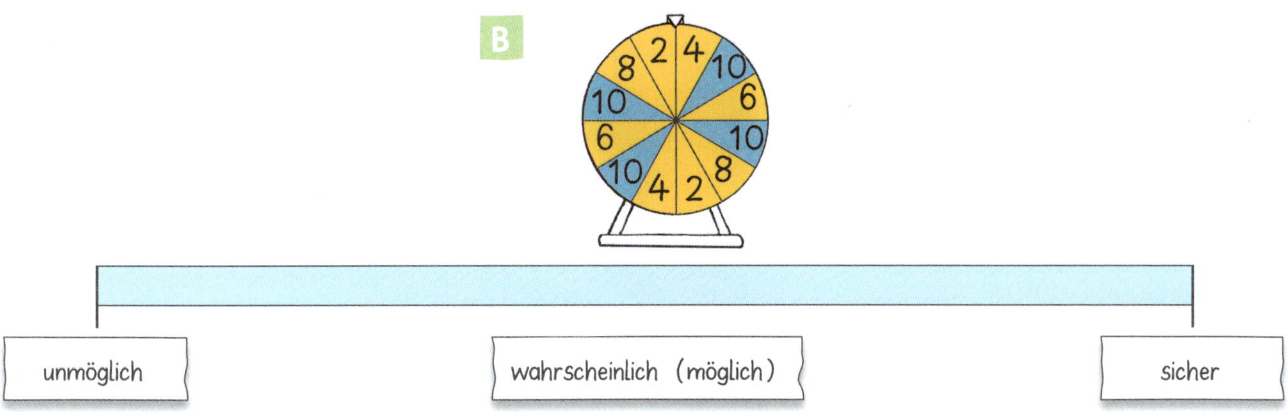

Kombinieren

1 a) Färbe die Vogelfamilie Blaurotgelb. Jeder Vogel sieht anders aus.

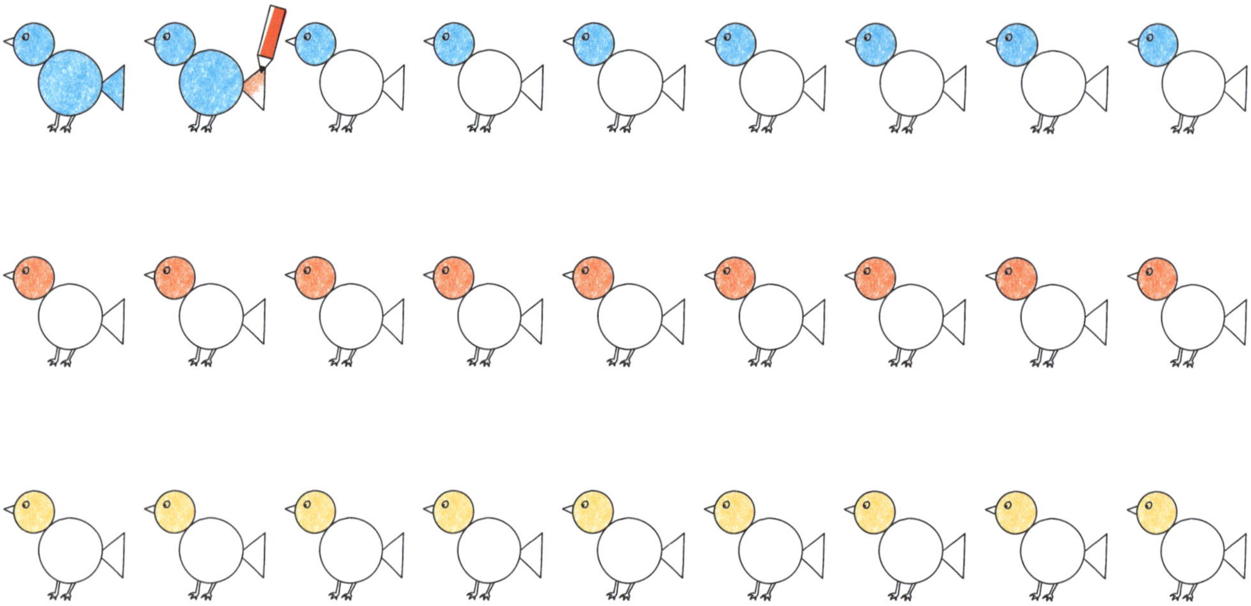

b) Wie viele Vögel sind einfarbig? ____
c) Wie viele Vögel sind zweifarbig? ____
d) Wie viele Vögel sind dreifarbig? ____
e) Wie viele Vögel haben einen gelben Kopf? ____
f) Wie viele Vögel haben einen blauen Bauch? ____
g) Wie viele Vögel haben einen roten Schwanz? ____

2 Vervollständige das Baumdiagramm für Vögel mit einem roten Kopf.

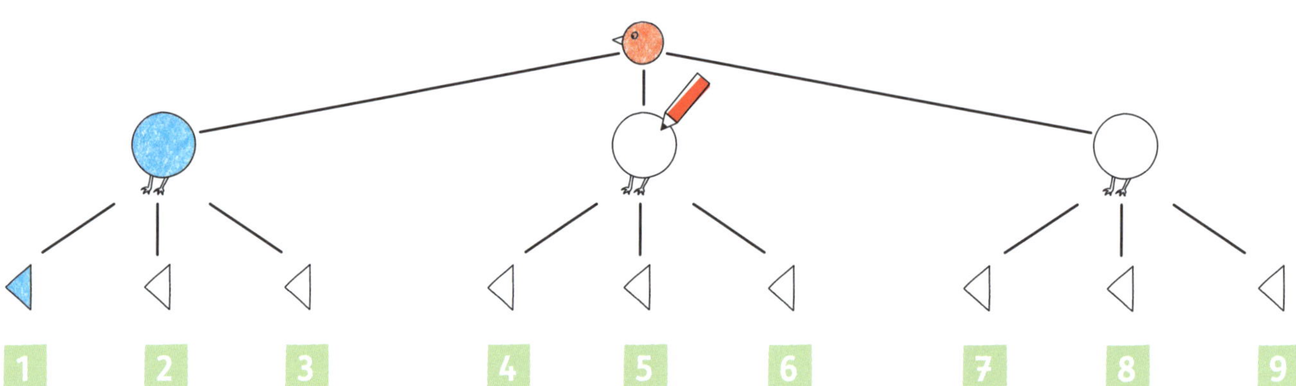

a) Welche Nummern haben die Vögel mit dem blauen Schwanz? ______________________
b) Welche Nummern haben die Vögel mit dem gelben Bauch? ______________________
c) Wie viele Vögel sind zweifarbig? Welche Nummern haben sie? ______________________

1 Ordne nach dem Gewicht. Die Buchstaben ergeben ein Lösungswort.

a)

~~875 g~~	G	875 g	G
8 750 g	A		
8,5 kg	E		
87 kg	R		
8 kg 700 g	P		
875 kg	D		

b)

3 250 g	J		
3,200 t	U		
0,32 t	A		
3 t 20 kg	G		
$3\frac{1}{2}$ t	R		
3 250 kg	A		

2 Überschlage. Rechne. Kontrolliere mit der Probe.

Ⓠ

686 : 7   17

4 344 : 8   12

31 884 : 6   13

12 435 : 5   21

3 Ergänze das Spiegelbild. Kontrolliere mit dem Spiegel.

a)

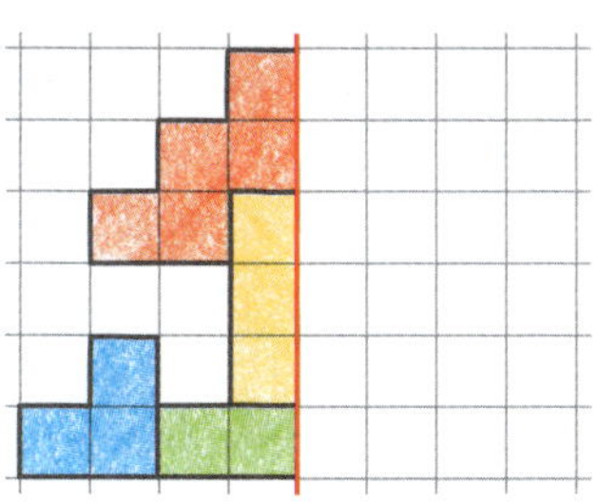

b)

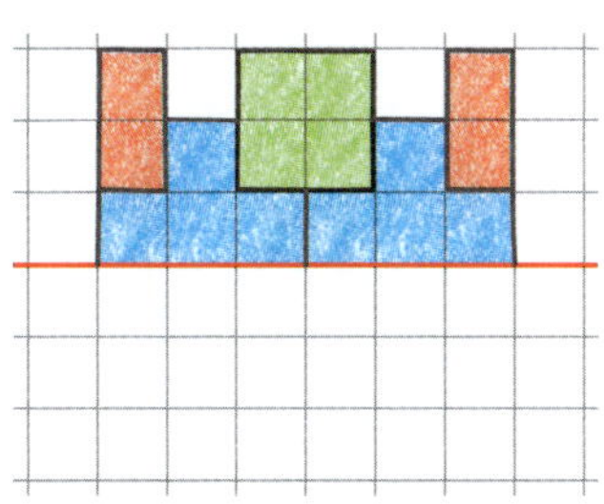

c)

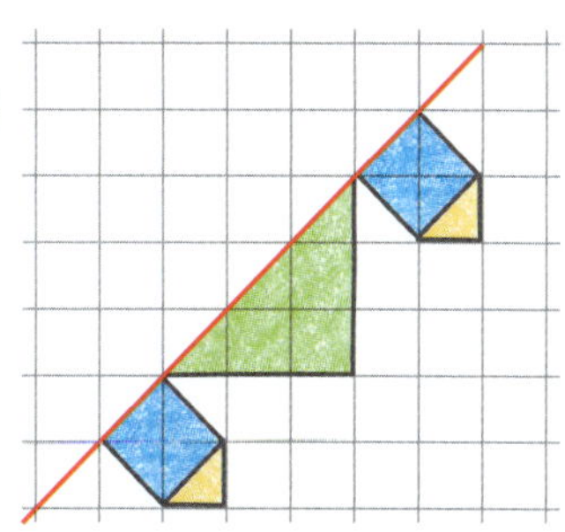

Parallel und senkrecht – rechter Winkel

1 Zeichne weiter. Mit dem Geodreieck geht es ganz genau. Färbe.

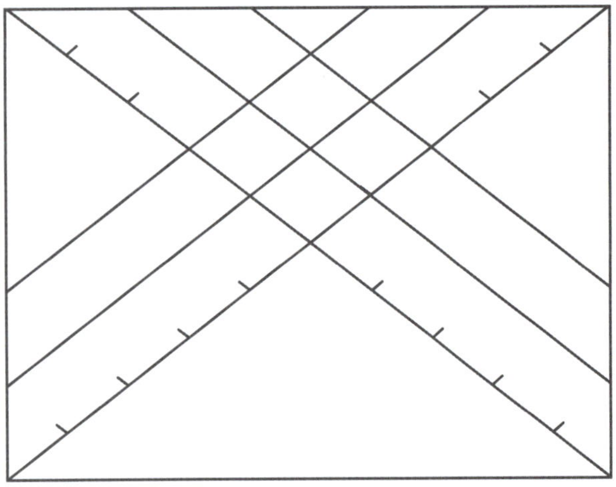

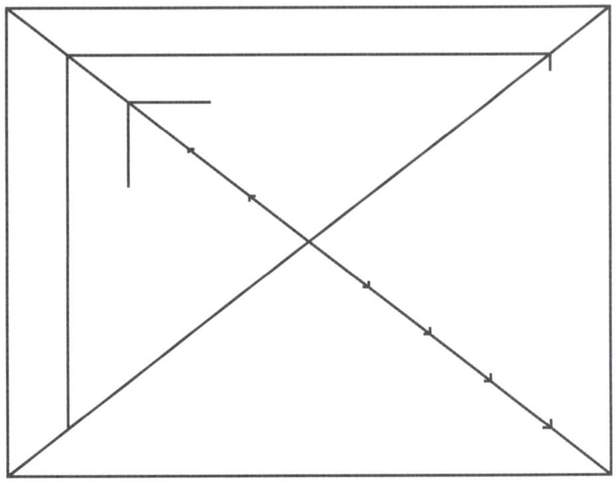

2 Vervollständige die Bandornamente.

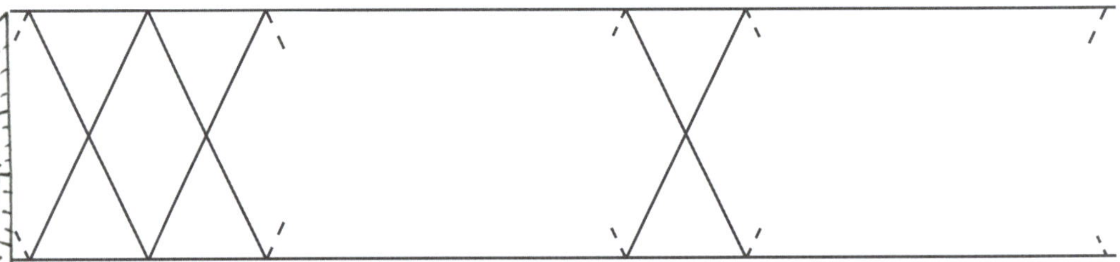

3 Welches Bild zeigt ein Quadrat? Prüfe. Kreuze an.

a)

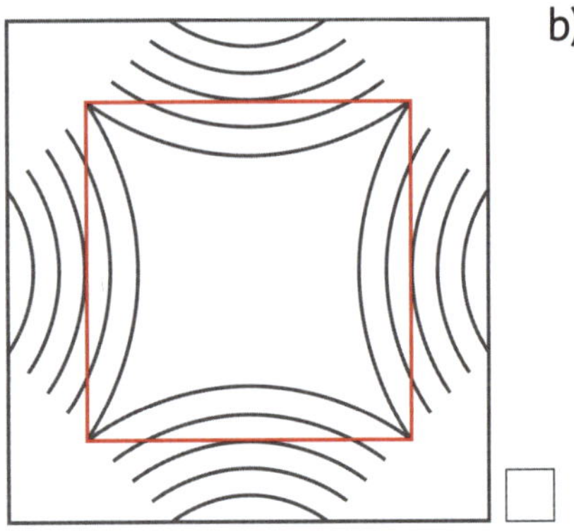

b)

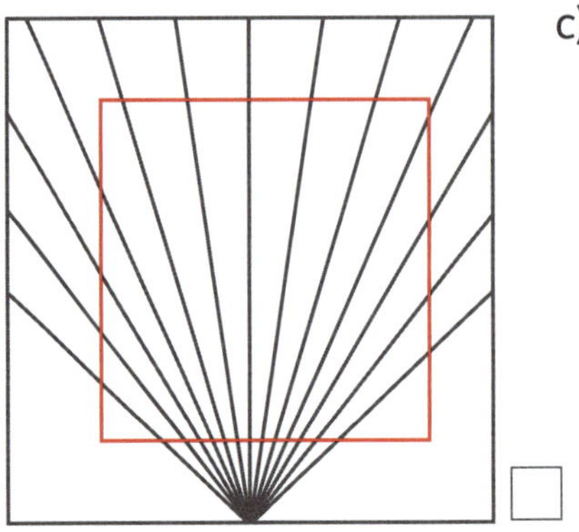

c)

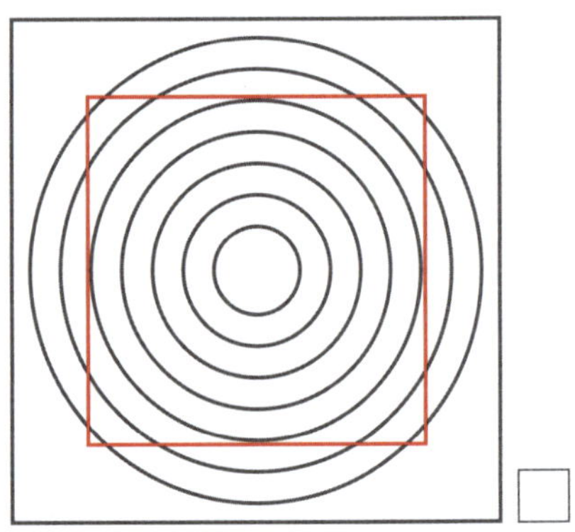

1 Vergrößere. Verkleinere.

2 Schreibe das Wort a) doppelt so groß, b) halb so groß.

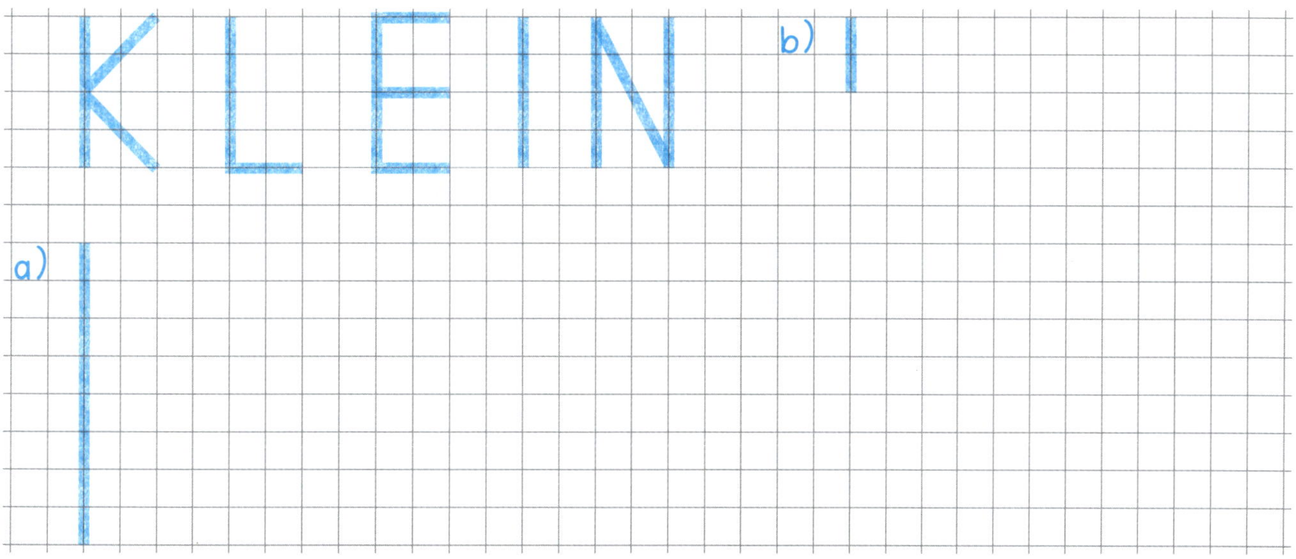

3 Zeichne das Haus doppelt so groß.

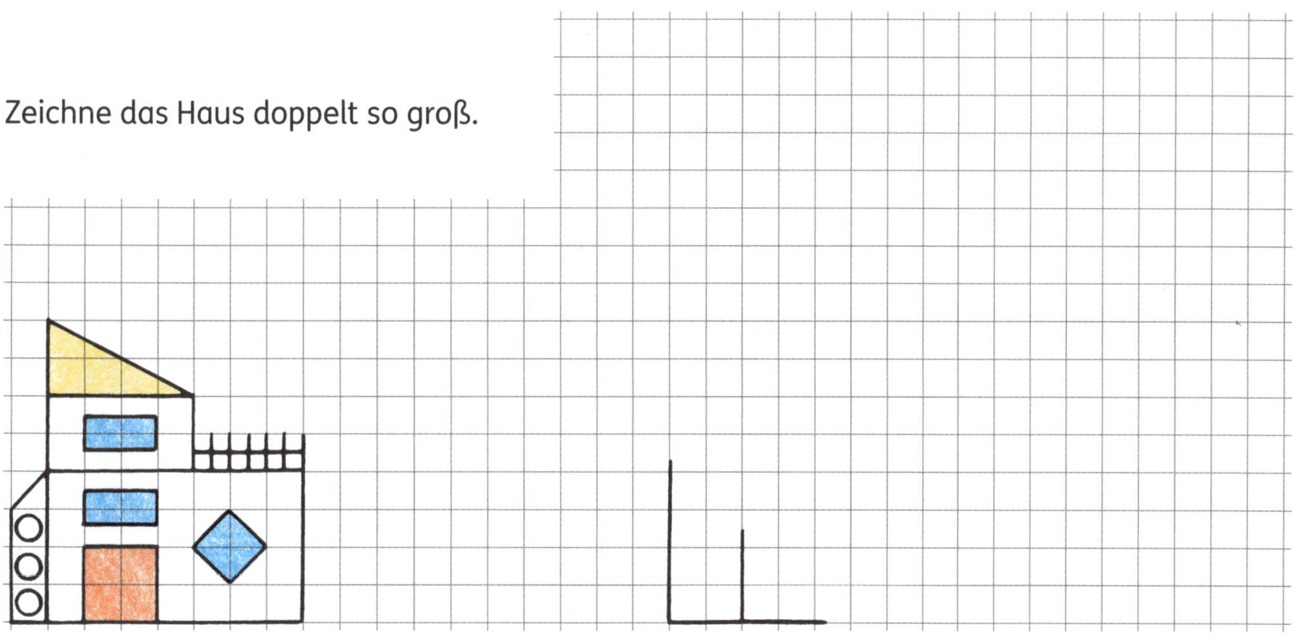

1 Bestimme jeweils den Flächeninhalt.
Schätze zuerst. Größte Fläche: ____ Kleinste Fläche: ____

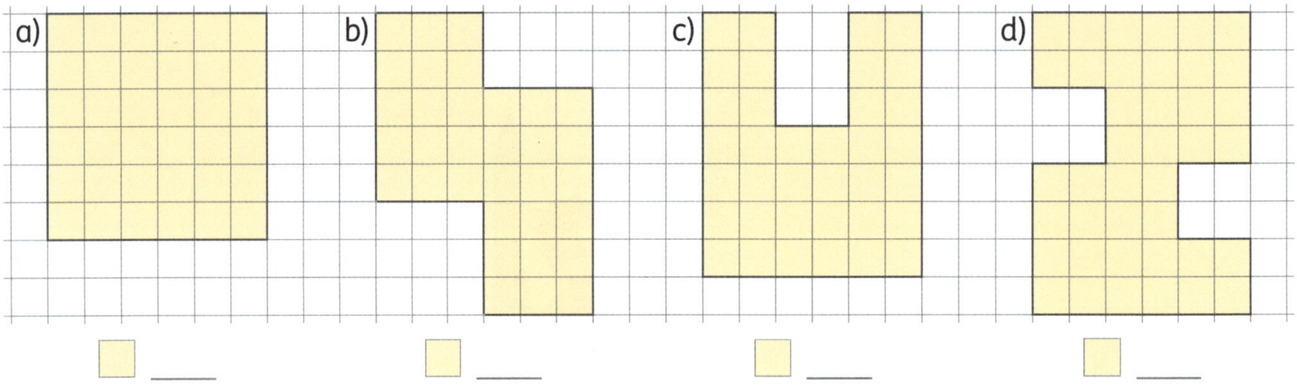

2 Bestimme jeweils den Flächeninhalt.
Schätze zuerst. Größte Fläche: ____ Kleinste Fläche: ____

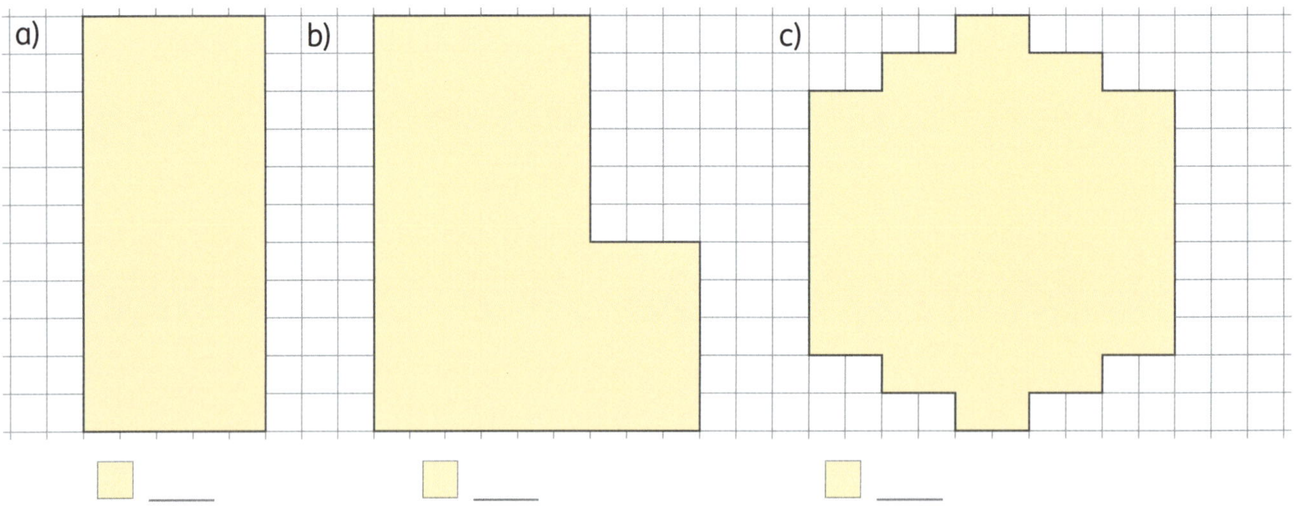

3 Bestimme jeweils den Flächeninhalt.
Schätze zuerst. Größte Fläche: ____ Kleinste Fläche: ____

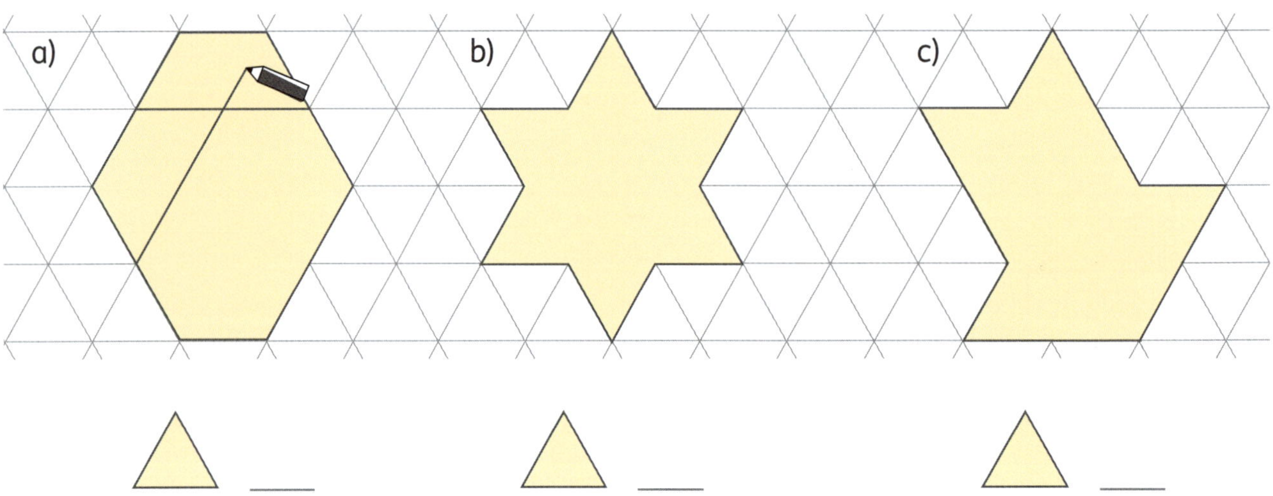

1 Die Kinder haben Figuren gespannt. Bestimme jeweils den Flächeninhalt.

Schätze zuerst. Größte Fläche: ____________ Kleinste Fläche: ____________

2 Spanne noch 3 andere Figuren, die den gleichen Flächeninhalt haben wie die Figur a). Zeichne.

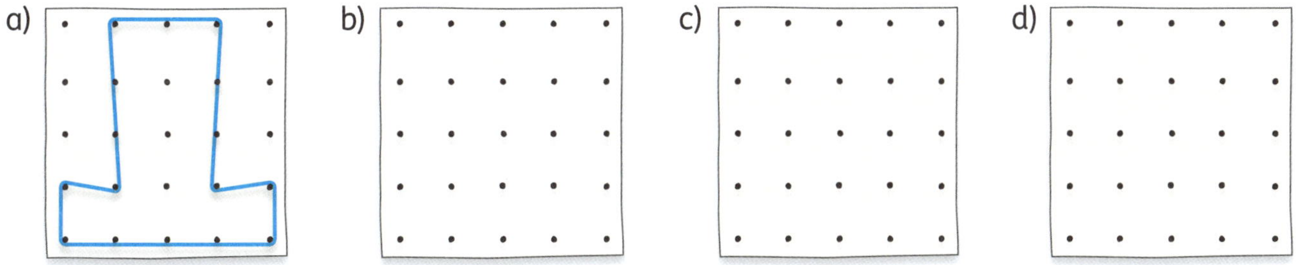

3 Spanne verschiedene Figuren mit einem Flächeninhalt von 12 Kästchen. Zeichne.

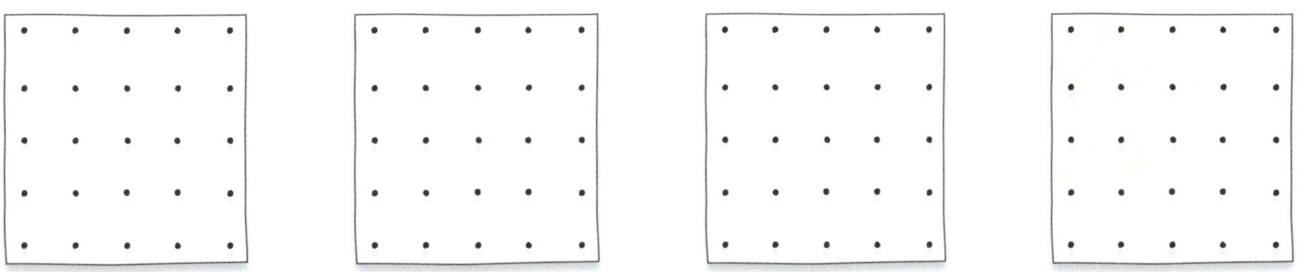

4 Spanne ein Rechteck, ein Quadrat und ein Dreieck mit dem Flächeninhalt von je 8 Kästchen. Zeichne.

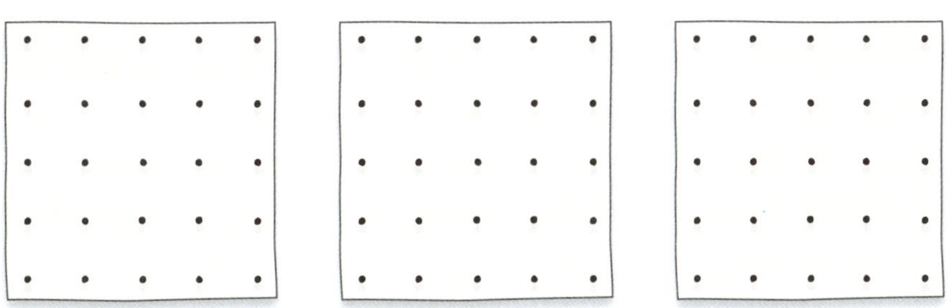

1 Bestimme den Flächeninhalt. Wie viele Zentimeterquadrate passen jeweils in die Figuren?

a) 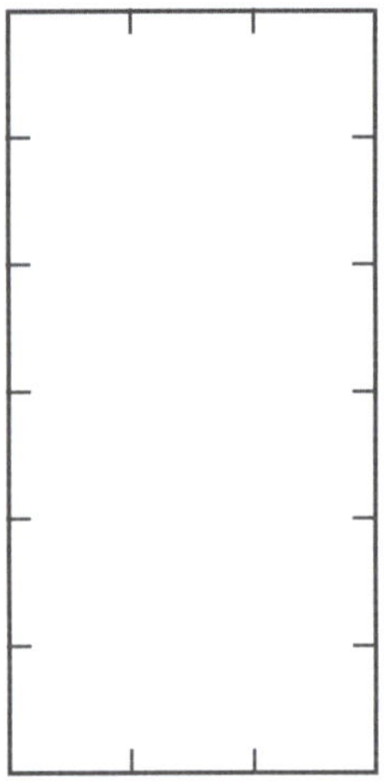

b) 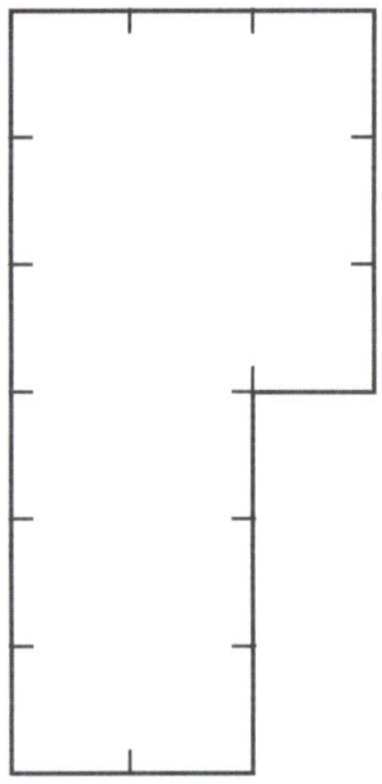

c) 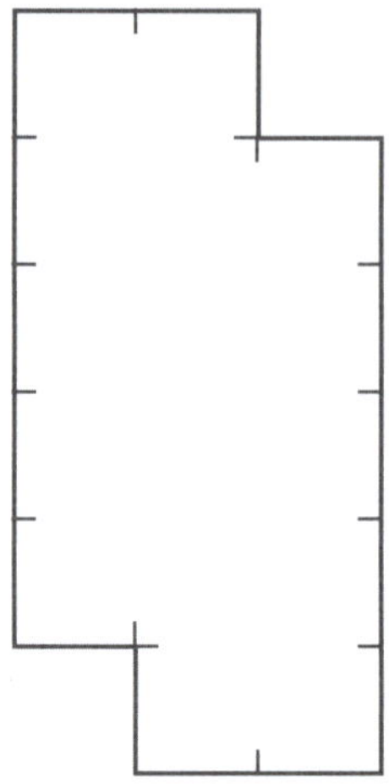

d) 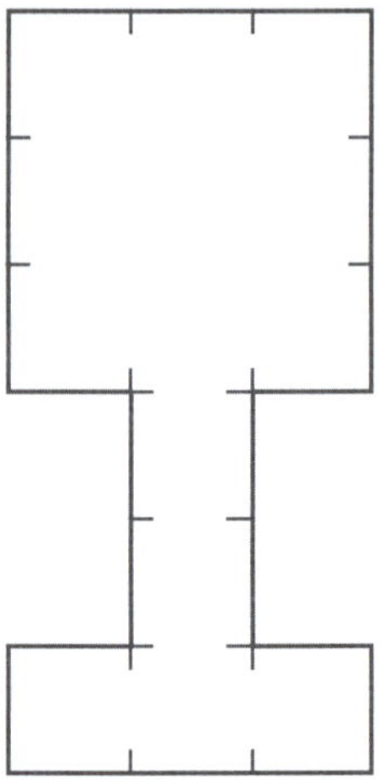

2 Die im Gitter gezeichnete Figur hat einen Flächeninhalt von 9 Zentimeterquadraten.

a) Zeichne noch 4 andere Figuren, die auch diesen Flächeninhalt haben.

b) Bestimme den Umfang jeder Figur.

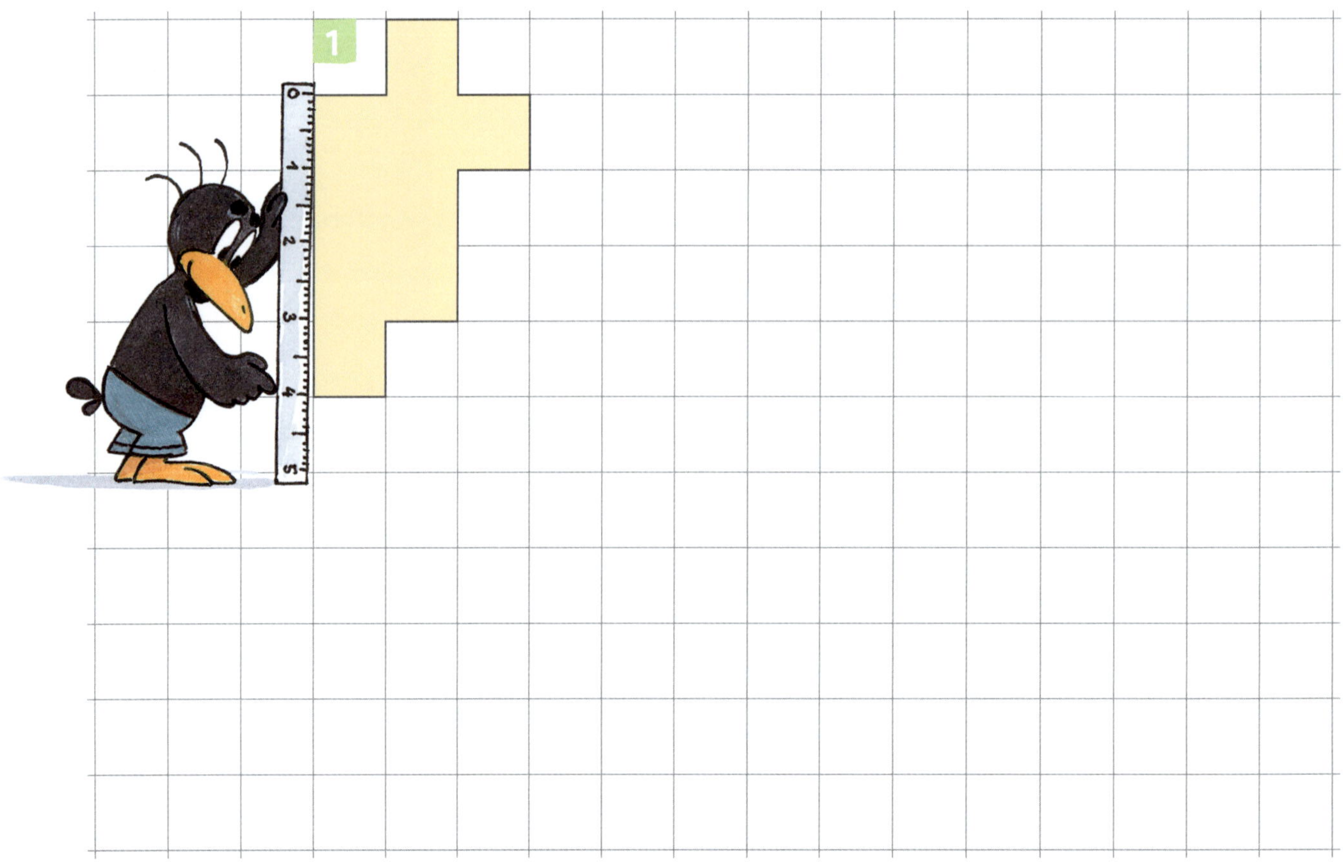

	Figur 1	Figur 2	Figur 3	Figur 4	Figur 5
Umfang	16 cm				

1 a) Zeichne um jeden Punkt einen Kreis mit dem Radius 2 cm.

b) Stelle deinen Zirkel auf 3 cm Radius ein. Zeichne um jeden Punkt die Kreislinie innerhalb des gezeichneten Kreises.

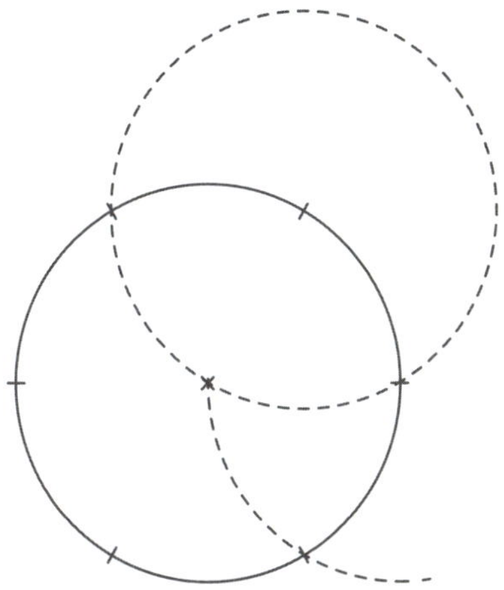

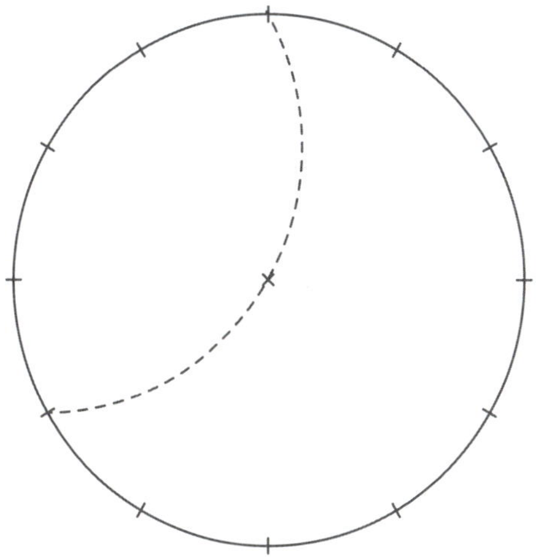

2 Setze das Bandornament fort und färbe es.

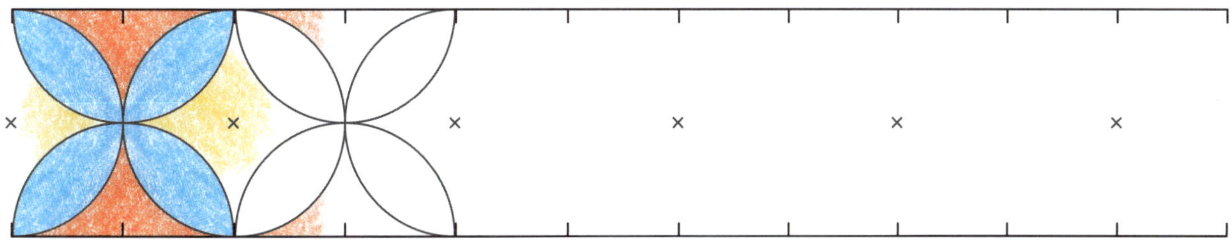

3 Zeichne die Muster größer und färbe sie.

a)

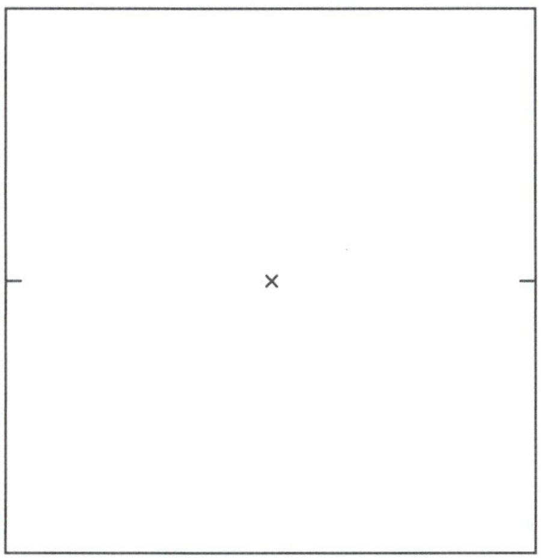

a)

b)

b)

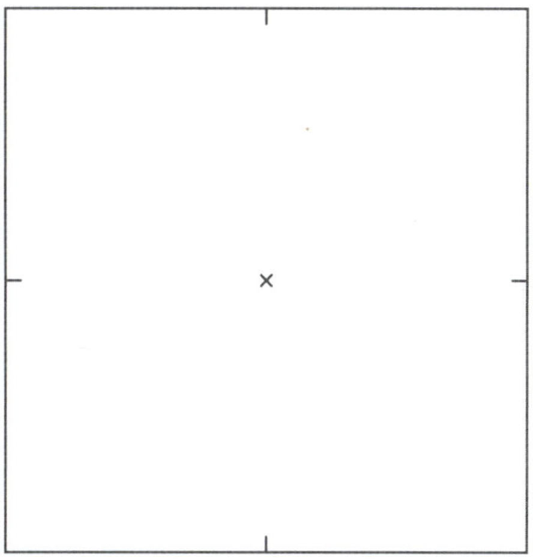

Mit Körpern jonglieren

1

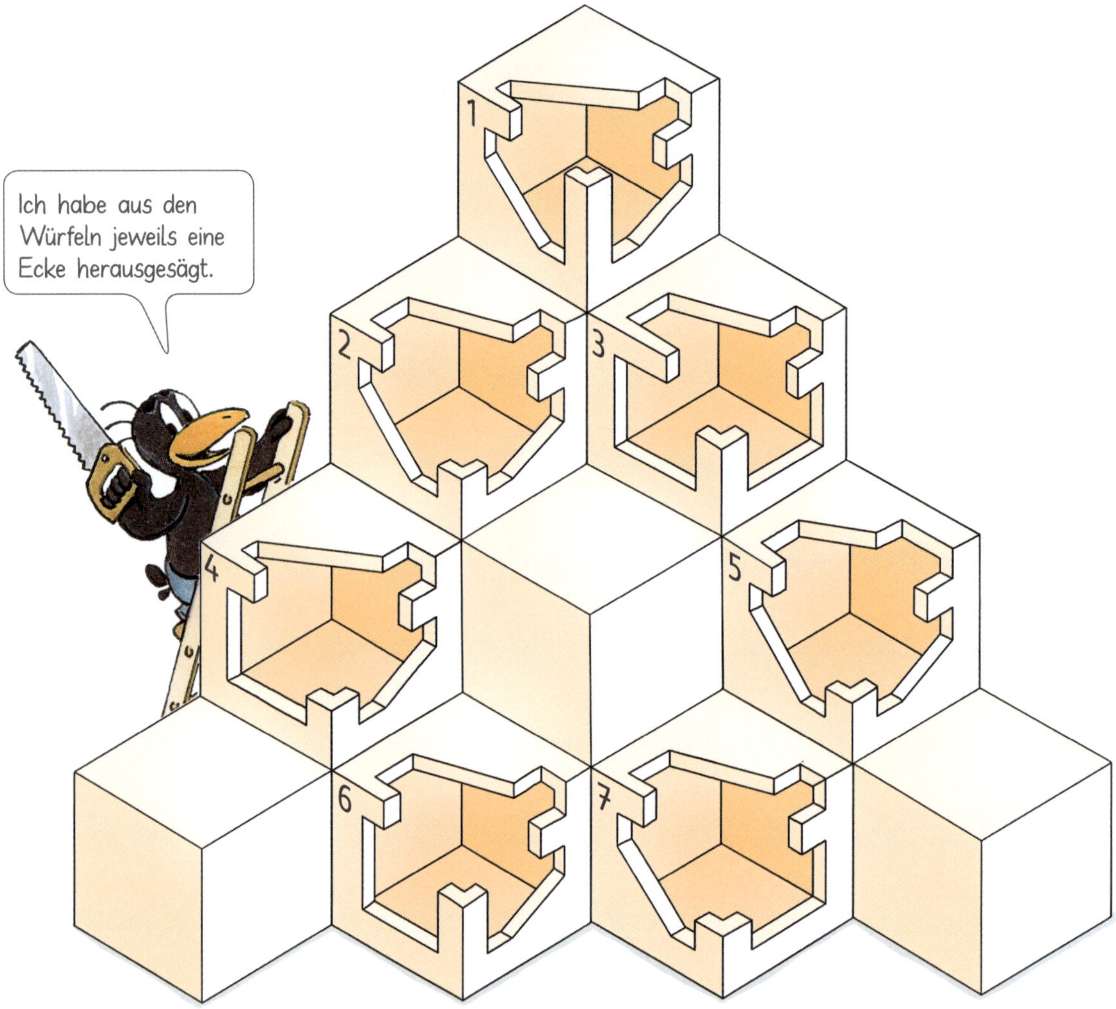

A

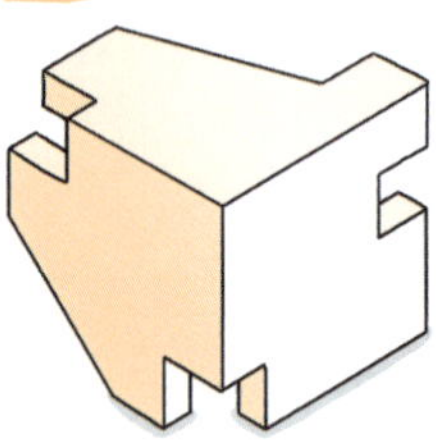

B

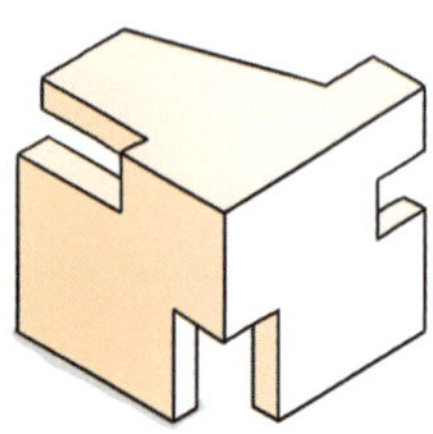

C

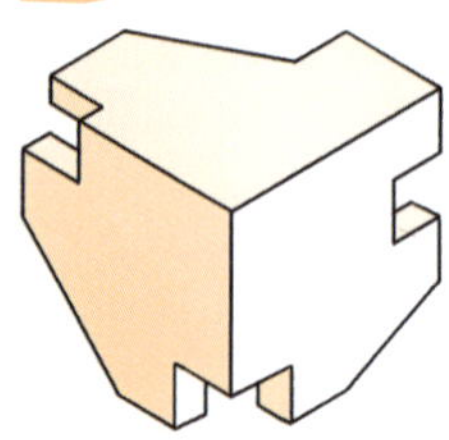

D

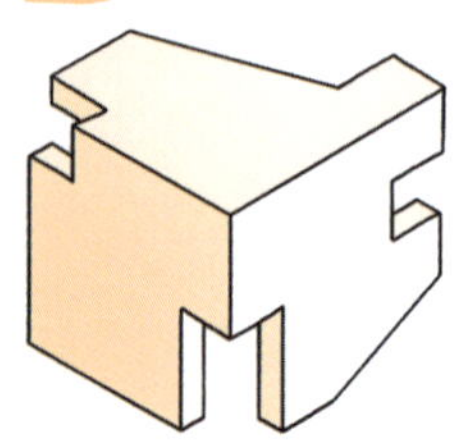

E

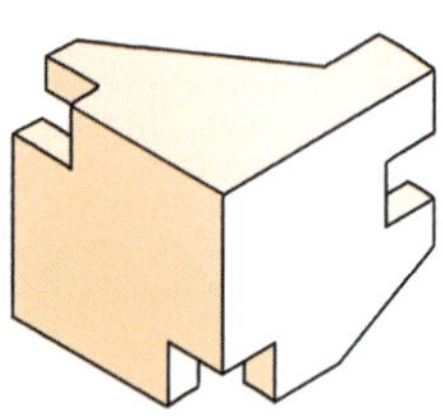

F

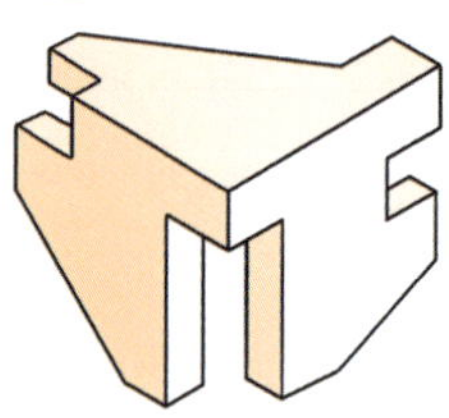

G

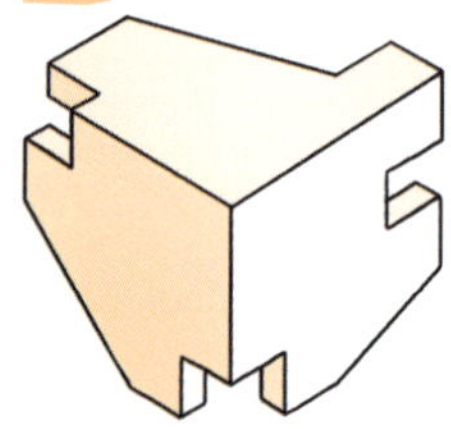

Finde heraus, in welchen Würfel welche Ecke passt. Trage in die Tabelle ein.

1	2	3	4	5	6	7

SB 102

1 Alissa und Maxim machen mit ihren Eltern einen Ausflug im Segelboot. Vom Westhafen kommend segeln sie an der Küste entlang. Maxim hat beschrieben, wie er die Küste gesehen hat. Ordne seine Beschreibungen den richtigen Punkten zu.

N Vor mir steht groß das Windrad, dahinter sehe ich sehr klein die Kirche.

F Ich sehe aufs Land. Vor mir steht ein Haus, links daneben liegen die Boote im Wasser. Rechts sehe ich den Leuchtturm.

E Direkt vor mir sehe ich den großen Leuchtturm und dahinter in der Ferne das Windrad und das schöne blaue Meer.

R Vor mir steht der große Leuchtturm und dahinter steht in der Ferne die Kirche.

E Das Windrad kommt immer näher. Dafür rückt links der Leuchtturm mehr in die Ferne.

I Den Leuchtturm sehe ich links ganz nah, das Windrad rechts von mir noch weiter weg.

Lösungswort:

a	b	c	d	e	f

1 Betrachte die beiden Diagramme und beantworte die Fragen.

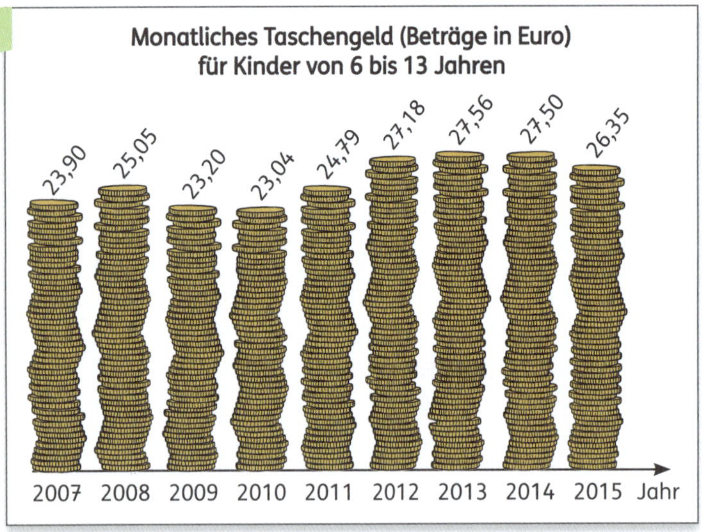

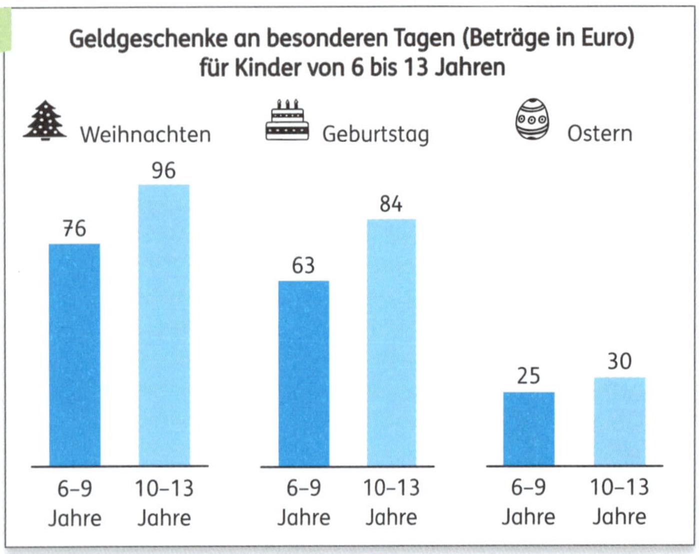

a) Aus welchem Diagramm kannst du ablesen, wie viel Geld Kinder geschenkt bekommen?

____

b) Wie viel Euro Taschengeld bekam ein Kind 2015 monatlich?

____

c) In welchem Jahr bekamen die Kinder am meisten Taschengeld?

____

d) Wie viel Euro bekommt ein 10- bis 13-jähriges Kind zum Geburtstag?

____

e) Zu welchem Fest bekommen Kinder am meisten Geld?

____

f) Wie viel Taschengeld bekamen 6- bis 13-Jährige ungefähr im gesamten Jahr 2015? Überschlage.

____

2 Übertrage die Daten der Diagramme von Aufgabe 1 in die Tabellen.

Monatliches Taschengeld

Jahr	Betrag
2007	

Geldgeschenke an besonderen Tagen

	Alter	Betrag
Weihnachten	6–9 Jahre	
Geburtstag		
Ostern		

SB 104–105

1

a) 534 · 30 b) 733 · 60 c) 3524 · 40 d) 2024 · 80

e) 138 · 900 f) 894 · 500 g) 708 · 200 h) 442 · 300

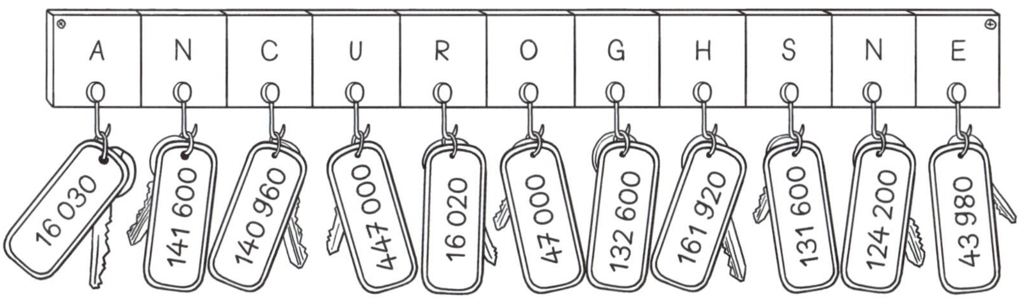

2 Rechne schriftlich.

Q

658 · 70 16 | 209 · 900 18 | 1 255 · 40 7 | 3 212 · 300 24 | 44 678 · 20 31

3

a) Welche Zahl erhältst du, wenn du das 5-Fache von 30 mit 2 multiplizierst und das Ergebnis dann noch mit 999 multiplizierst? 27

b) Welche Zahl erhältst du, wenn du zum 8-Fachen von 5 die Zahl 360 addierst und das Ergebnis dann noch mit 1 250 multiplizierst? 5

1

a) 1395 · 76 b) 2560 · 94 c) 8452 · 63 d) 8204 · 52

e) 3048 · 98 f) 3907 · 48 g) 6740 · 27 h) 9036 · 35

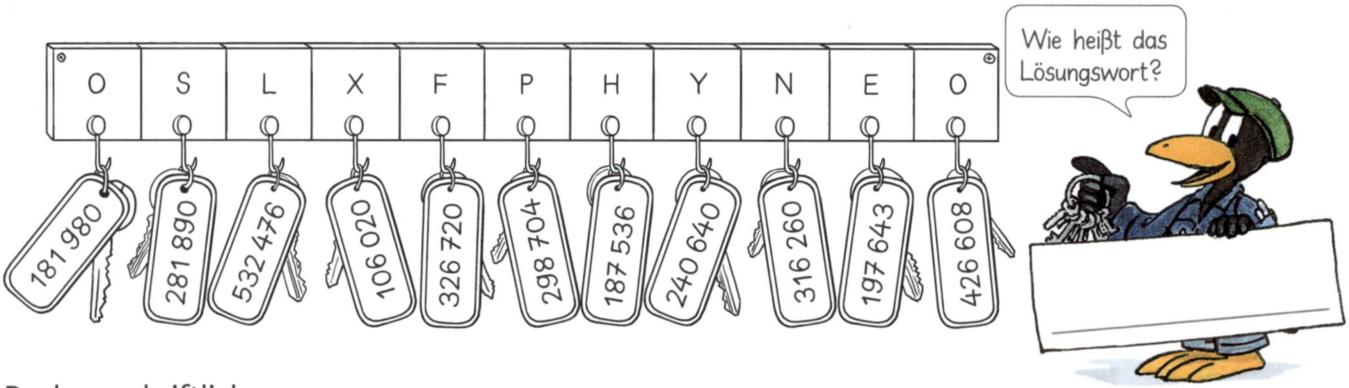

2 Rechne schriftlich.

689 · 82 32

718 · 64 25

7050 · 93 27

15 219 · 37 18

3

a) Welche Zahl erhältst du, wenn du das 6-Fache von 6 mit dem Doppelten von 333 multiplizierst? 27

b) Welche Zahl erhältst du, wenn du vom 9-Fachen von 7 die Zahl 8 subtrahierst und das Ergebnis dann noch mit 2345 multiplizierst? 32

SB 107

1 Überschlage zuerst. Rechne dann genau.

Ü: 500 · 30 =

495 · 30 (18)

Ü:

5211 · 70 (27)

Ü:

243 · 58 (18)

Ü:

8802 · 91 (27)

2 Finde die 4 Rechenfehler und korrigiere sie.

602 · 98	
~~5408~~	f
4816	
58896	

602 · 98

1905 · 52
9525
3810
14335

317 · 57
1585
2219
18069

2904 · 61
17424
2904
177144

939 · 86
7512
5634
70754

4897 · 29
9794
44013
141953

3 Schreibe zu jeder Aufgabe 2 verschiedene Überschläge auf. Unterstreiche den Überschlag, der dem Ergebnis am nächsten liegt.

543 · 81

1674 · 27

1

5640 : 30 =

9850 : 50 =

7920 : 40 =

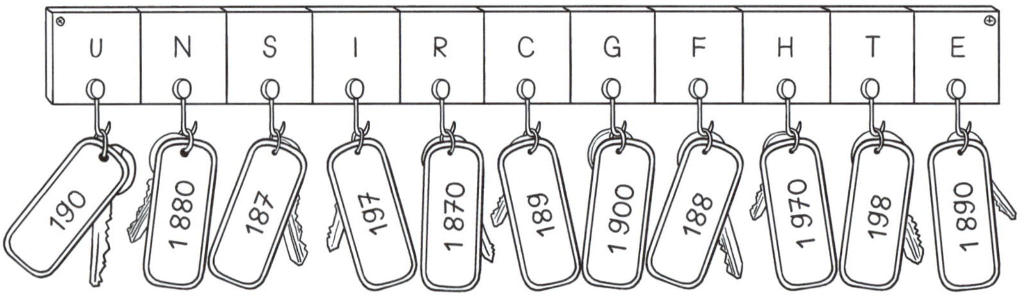

2 Rechne schriftlich.

Q

1960 : 20 17

9040 : 80 5

51360 : 60 19

3

a) Welche Zahl erhältst du, wenn du das 3-Fache von 1100 durch die Summe von 37 und 23 dividierst? 10

b) Welche Zahl erhältst du, wenn du die Hälfte von 22500 durch das 10-Fache von 5 dividierst? 9

SB 109

1 Überschlage zuerst. Rechne dann genau. Kontrolliere mit der Probe.

Ü: 1600 : 40 =

1720 : 40 =

P:

Ü:

5460 : 70 =

P:

2 Finde die 3 Rechenfehler und korrigiere sie.

8120 : 40 = ~~23~~ f 203
−80
12
− 0
120
−120
0

9450 : 50 = 191
−50
445
−450
50
−50
0

9630 : 30 = 321
−90
63
−60
30
−30
0

6540 : 60 = 19
−60
54
− 0
540
−540
0

3 Schreibe zu jeder Aufgabe 2 verschiedene Überschläge auf. Unterstreiche den Überschlag, der dem Ergebnis am nächsten liegt.

22 540 : 70

643 020 : 30

Liniennetz Ludwigshafen/Mannheim

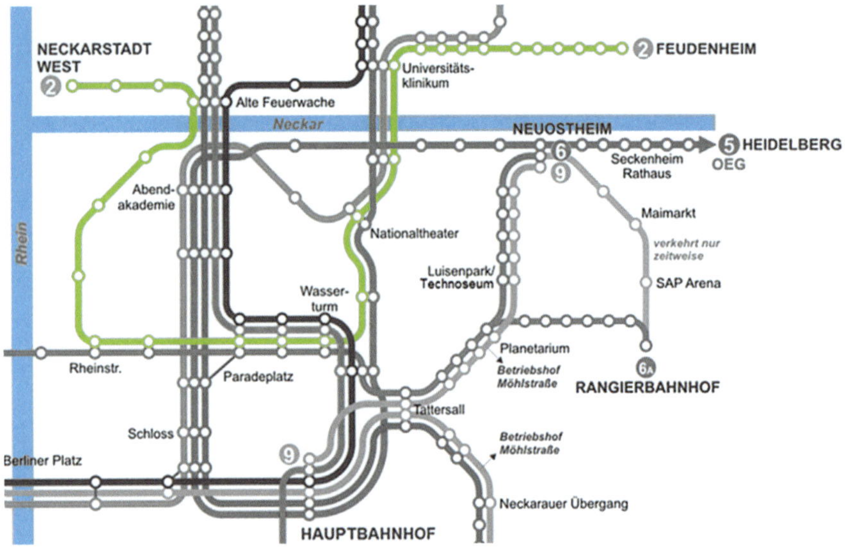

Haltestellen und Fahrzeiten der Linie 2 in Minuten:	
Neckarstadt West	
Bgm.-Fuchs-Straße	1
Neumarkt	3
Alte Feuerwache	5
Kurpfalzbrücke	7
MVV-Hochhaus	8
Dalbergstraße	9
Rheinstraße	10
Rathaus Mannheim	12
Paradeplatz	13
Strohmarkt	14
Wasserturm	16
Rosengarten	17
Nationaltheater	19
Theresienkrankenhaus	20
Universitätsklinikum	21
Bibienastraße	22
Hauptfriedhof	24
Pfeifferswörth	25
Neckarplatt	27
Am Aubuckel	28
Liebfrauenstraße	29
Blücherstraße	30
Feudenheim Kirche	31
Neckarstraße	32
Feudenheim	34

1 a) Fahre auf dem Liniennetz mit dem Finger die Linie 2 nach.
b) Unterstreiche die beiden Endstationen.
c) Wie viele Haltestellen hat die Linie 2? ____________
d) Wie lange dauert eine Fahrt von Neckarstadt West nach Feudenheim? ____________
e) Wie lange dauert eine Fahrt von der Rheinstraße zur Neckarstraße? ____________

2 a) Markiere im Liniennetz die Haltestellen Neumarkt blau, Rosengarten rot und Neckarstraße schwarz.
b) Markiere im Liniennetz und im Haltestellen-Plan die 5 Haltestellen gelb, an denen man von der Linie 2 jeweils in 3 andere Linien umsteigen kann.

3 a) Wann fährt in Neckarstadt West zwischen 6 und 7 Uhr eine Bahn der Linie 2 ab?
6.33 Uhr, ____________, ____________
b) Wann fährt in Neckarstadt West zwischen 8 und 9 Uhr eine Bahn der Linie 2 ab?
Wann kommt die Bahn jeweils in Feudenheim an?
ab 8.03 Uhr, ____________, ____________
an 8.37 Uhr, ____________, ____________

ab ____________, ____________, ____________
an ____________, ____________, ____________

Fahrplanausschnitt
von Montag bis Freitag
Linie 2 Richtung Feudenheim
Haltestelle: Neckarstadt West

Stunden	Minuten
6	33 43 53
7 - 19	03 alle 10 min 53
20	03 13 23 33 53
21 - 23	13 33 53

SB 111

1 Zeichne alle Symmetrieachsen ein.

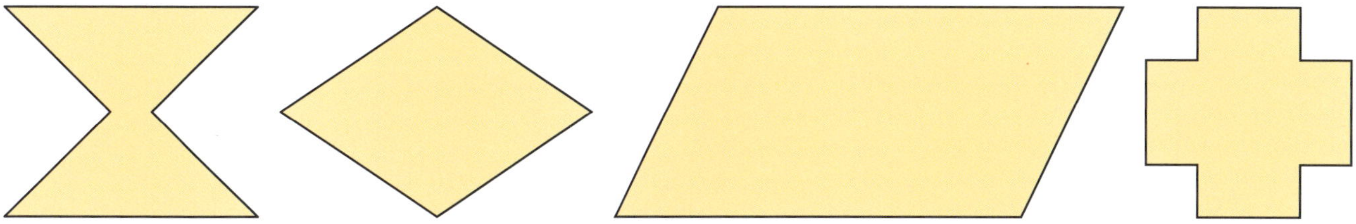

Es sind insgesamt 8 Symmetrieachsen.

2 Spiegle zuerst die Figur an der roten Symmetrieachse und dann die gesamte Figur an der blauen Achse.

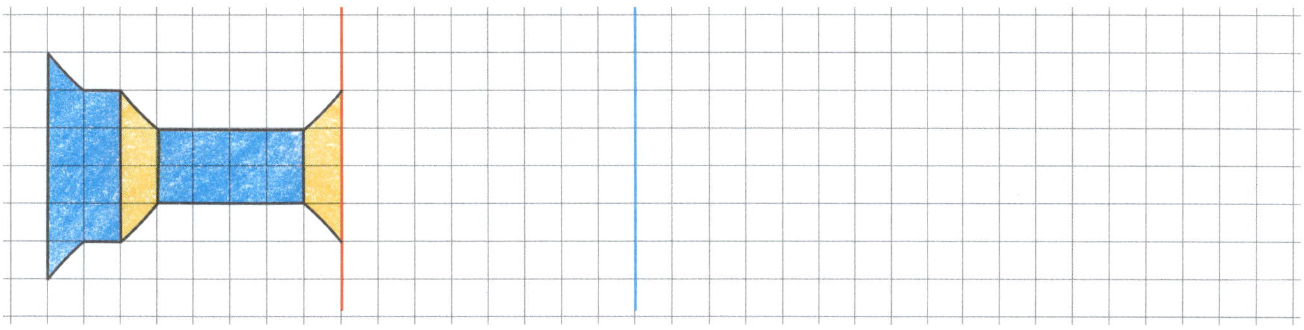

3 Spiegle jede Figur zuerst an der roten Symmetrieachse und dann die gesamte Figur an der blauen Achse.

a)

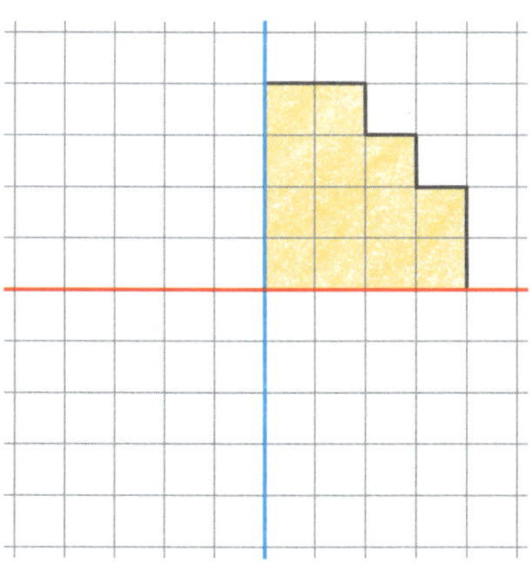

b)

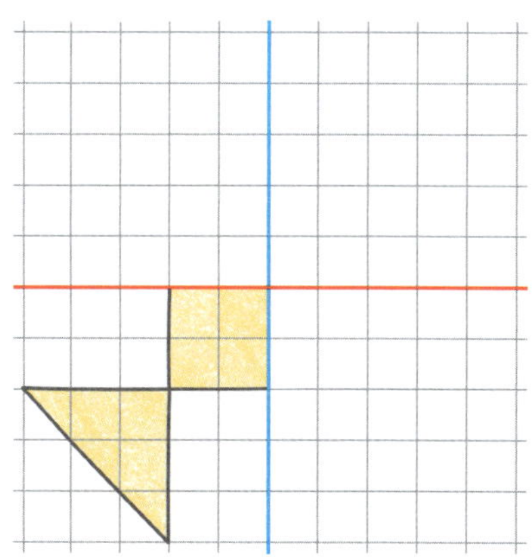

4 Wie geht es weiter?

Mit Zahlen knobeln

1 Für welche Zahlen stehen jeweils die Buchstaben? Finde die Lösung und trage sie ein.

a)

	E	I	N	S
+	E	I	N	S
	Z	W	E	I

		8		
+		8		
	5			8

E	N	I	S	Z	W
		8		5	

b)

		O	P	A
+		O	M	A
	P	A	A	R

+				

O	P	M	A	R
			4	

c)

	K	A	T	E	R
+	K	A	T	Z	E
	T	I	E	R	E

+					

A	K	E	R	Z	T	I
		9				

d)

		A	S	T
+		A	S	T
	B	A	U	M

+				

A	T	S	B	U	M
		8			4

e)

		S	E	N	D
+		M	O	R	E
	M	O	N	E	Y

+					

D	E	Y	N
		2	

R	O	S	M

1 Hieroglyphen heißen die geheimnisvollen Bildzeichen im alten Ägypten. Sie gehören zu den ältesten Schriften.

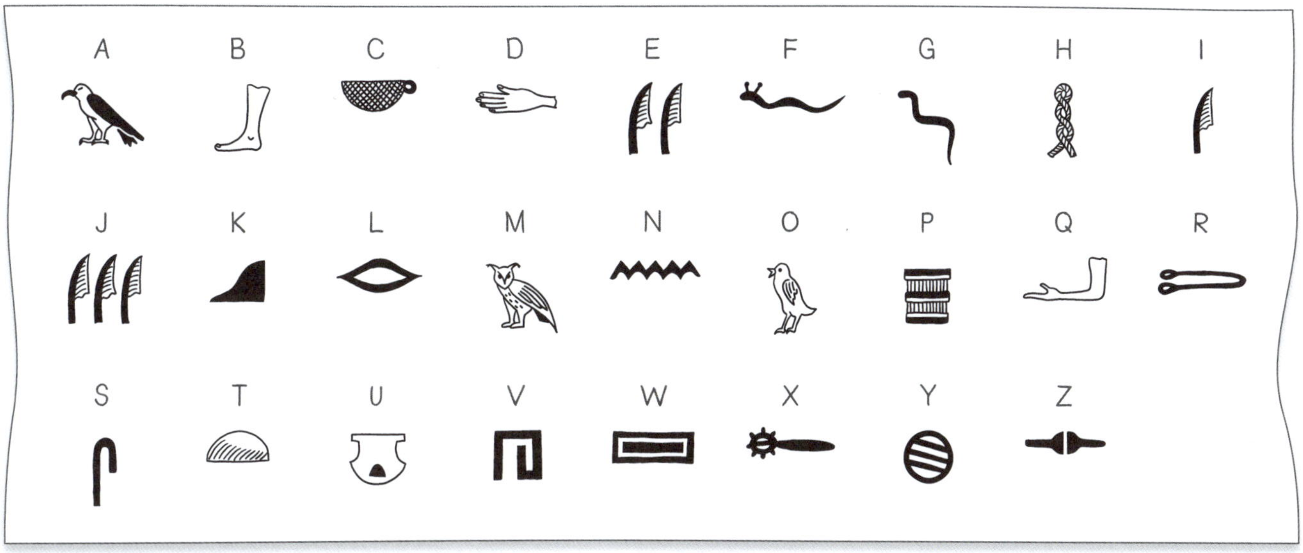

Entschlüssle die Namen berühmter Pharaoninnen und Pharaonen.

A

... wurde schon mit 9 Jahren Pharao.

B

... war der mächtigste Pharao.

C

... war für ihre Schönheit berühmt.

D

... erfand die Pyramiden.

2 Entschlüssle die Nachricht.

Zeitpunkt und Zeitspanne

1 Die 8 Planeten umrunden auf Umlaufbahnen die Sonne.

a) Was passt zusammen?

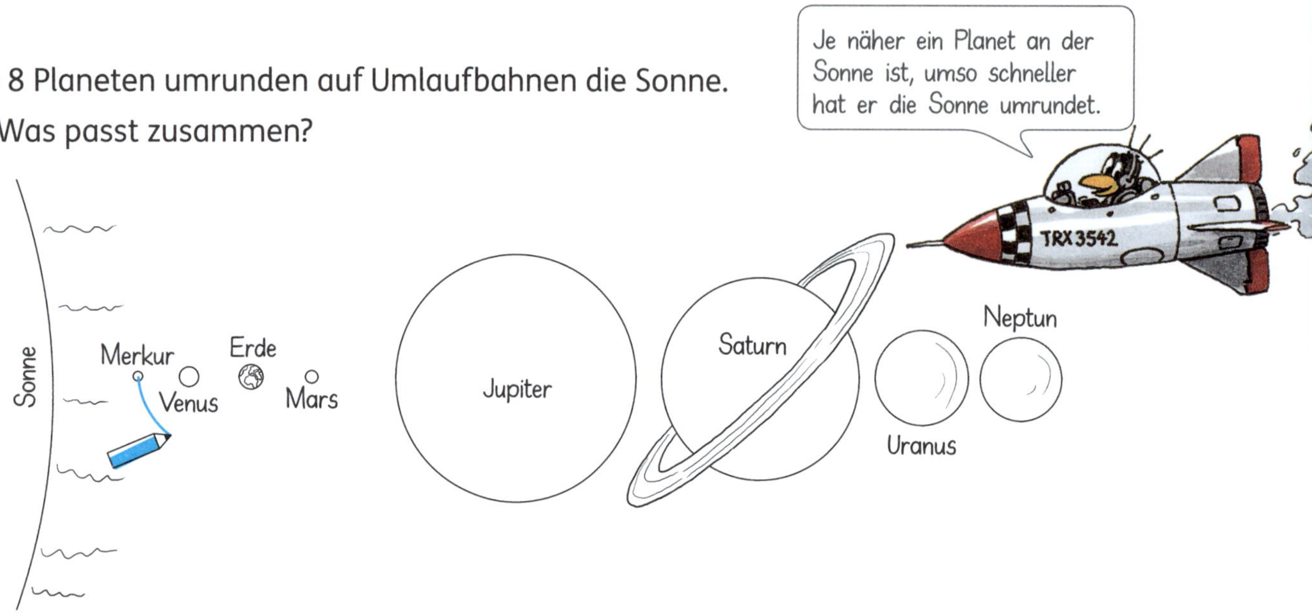

1 Jahr | 225 Tage | 88 Tage | 29 $\frac{1}{2}$ Jahre | 84 Jahre | 165 Jahre | 687 Tage | 12 Jahre

b) Mit diesem Merkspruch kannst du dir die Reihenfolge der Planeten merken:

Mein **V**ater **e**rklärt **m**ir **j**eden **S**onntag **u**nsere **N**achbarplaneten.

Merkur Venus

2 a) Berechne die Zeitdauer von Sonnenaufgang (SA) bis Sonnenuntergang (SU).

Datum	SA	Zeitdauer	SU
20. März	6.15 Uhr	___ h ___ min	18.12 Uhr
21. Juni	4.58 Uhr	___ h ___ min	21.18 Uhr
23. September	7.01 Uhr	___ h ___ min	18.55 Uhr
21. Dezember	8.14 Uhr	___ h ___ min	15.54 Uhr

b) Berechne die Zeitdauer von Mondaufgang (MA) bis Monduntergang (MU).

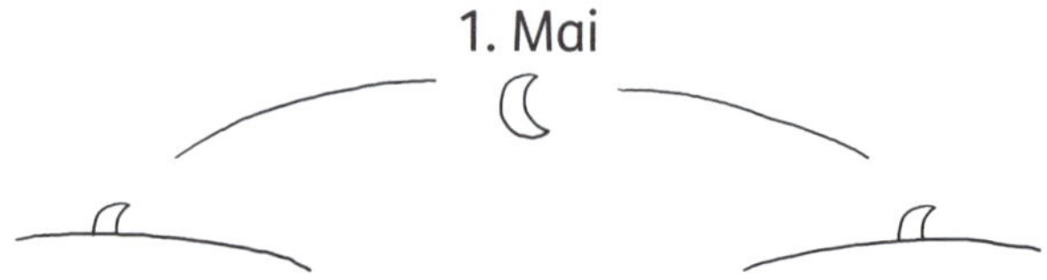

Datum	MA	Zeitdauer	MU
1. Mai	11.24 Uhr	___ h ___ min	2.22 Uhr
1. Juli	16.13 Uhr	___ h ___ min	0.35 Uhr
1. September	18.38 Uhr	___ h ___ min	2.29 Uhr
1. November	15.38 Uhr	___ h ___ min	5.18 Uhr

SB 120–121 276–279

1 Runde die Werte in der Tabelle. Vervollständige dann das Kreisdiagramm.

So viele Kinder der Grundschule am See spielen ein Instrument:

	Kinder	gerundet
Gitarre	22	20
Keyboard	18	
Blockflöte	26	
Trompete	11	
sonstige	38	
keines	41	
gesamt	156	

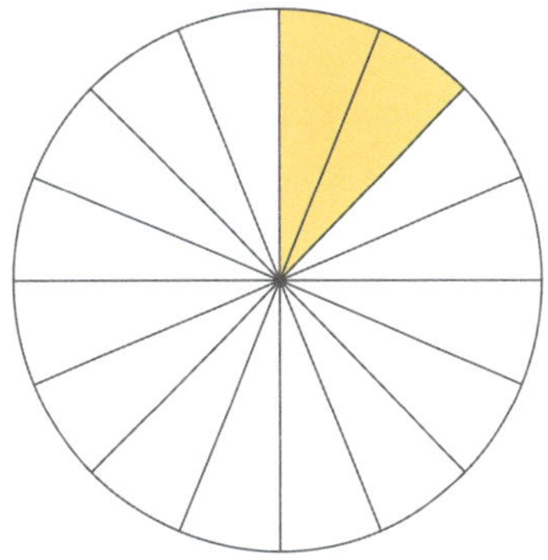

☐ Gitarre
☐ ______
☐ ______
☐ ______
☐ ______
☐ ______

1 Feld im Diagramm steht für etwa 10 Kinder.

2 Auch in anderen Schulen spielen Kinder ein Instrument.

a) Runde die Angaben in den Tabellen.

Berg-Grundschule:

	Kinder	gerundet
Gitarre	8	
Keyboard	0	
Blockflöte	32	
Trompete	21	
sonstige	24	
keines	38	
gesamt	123	

Löwenzahn-Grundschule:

	Kinder	gerundet
Gitarre	21	
Keyboard	29	
Blockflöte	8	
Trompete	33	
sonstige	56	
keines	53	
gesamt	200	

b) Mit welchem der beiden Kreisdiagramme kannst du die Werte jeweils darstellen?

Wähle aus und vervollständige es.

Schule: ______ Schule: ______

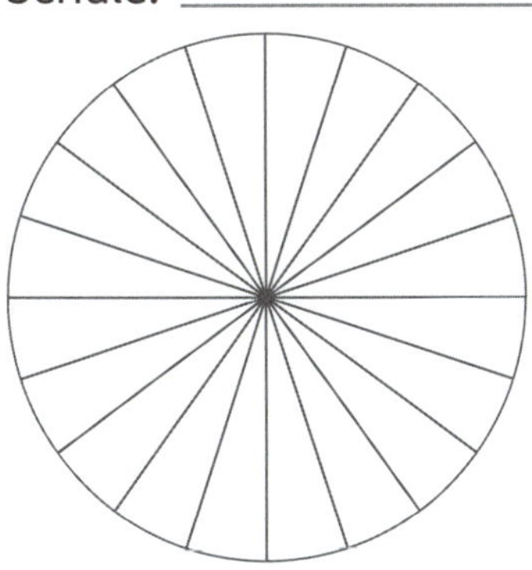

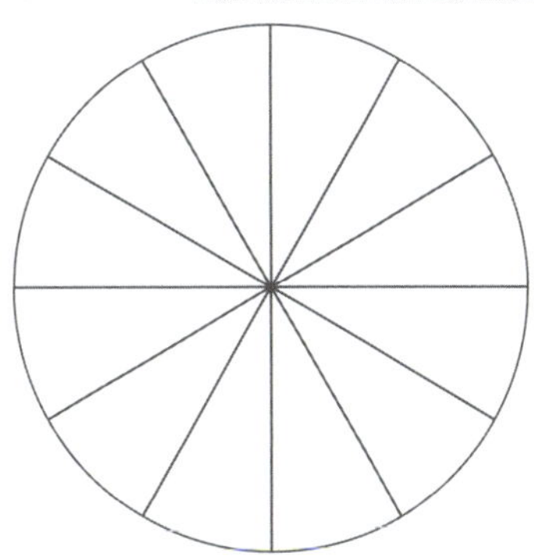

☐ ______
☐ ______
☐ ______
☐ ______
☐ ______
☐ ______

1 Feld in den Diagrammen steht für etwa 10 Kinder.

1 Deutschland und seine Bundesländer:

Name	Abkürzung	Fläche in km²	Einw. in Mio.	Hauptstadt
Baden-Württemberg	BW	35 751	10,7	
Bayern	BY	70 550	12,7	
Berlin	BE	892	3,5	
Brandenburg	BB	29 654	2,5	
Bremen	HB	419	0,7	
Hamburg	HH	755	1,8	
Hessen	HE	21 115	6,1	
Mecklenburg-Vorpommern	MV	23 211	1,6	
Niedersachsen	NI	47 614	7,8	
Nordrhein-Westfalen	NW	34 110	17,6	
Rheinland-Pfalz	RP	19 854	4,0	
Saarland	SL	2 569	1,0	
Sachsen	SN	18 420	4,1	
Sachsen-Anhalt	ST	20 451	2,2	
Schleswig-Holstein	SH	15 799	2,8	
Thüringen	TH	16 172	2,2	

a) Trage mit Hilfe der Landkarte die Hauptstädte der Bundesländer in die Tabelle ein.

b) Welches Bundesland hat die größte Fläche?

____

c) Schreibe die Abkürzungen der Bundesländernamen geordnet nach der Fläche auf.

HB, ______________________________

____

____

d) Schreibe die Abkürzungen der Bundesländernamen geordnet nach der Einwohnerzahl auf.

NW, ______________________________

____

____

1 a) Füge die richtigen Angaben ein:

Bombardier CS-100

Die Bombardier CS-100 gehört mit einer Länge von __________ und einer Spannweite von __________ zu den Mittelstreckenflugzeugen. Bei einer durchschnittlichen Reisegeschwindigkeit von __________ hat das Flugzeug eine Reichweite von __________ und kann dabei bis zu __________ Personen in der Business Class und __________ Personen in der Economy Class befördern. Beim Start kann die Maschine bis zu __________ wiegen. Im Reiseflug erreicht sie maximal eine Höhe von __________.

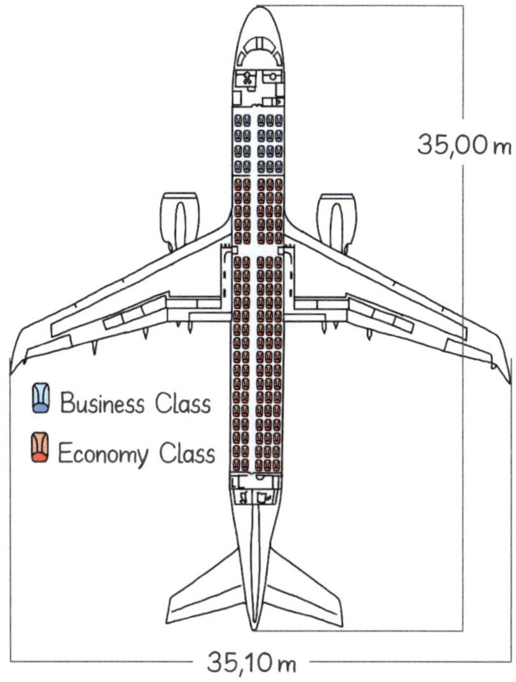

820 km/h | 12 400 m | 20 | 4 000 km | 54,8 t | 105

b) Vervollständige die Tabelle:

Flugzeit	1 h	2 h	3 h		
Flugstrecke	km				

2 Eine Bombardier CS-100 fliegt an einem Tag nacheinander diese Strecken:

1. Frankfurt – Rom – Frankfurt
2. Frankfurt – London – Frankfurt
3. Frankfurt – Iraklion – Frankfurt

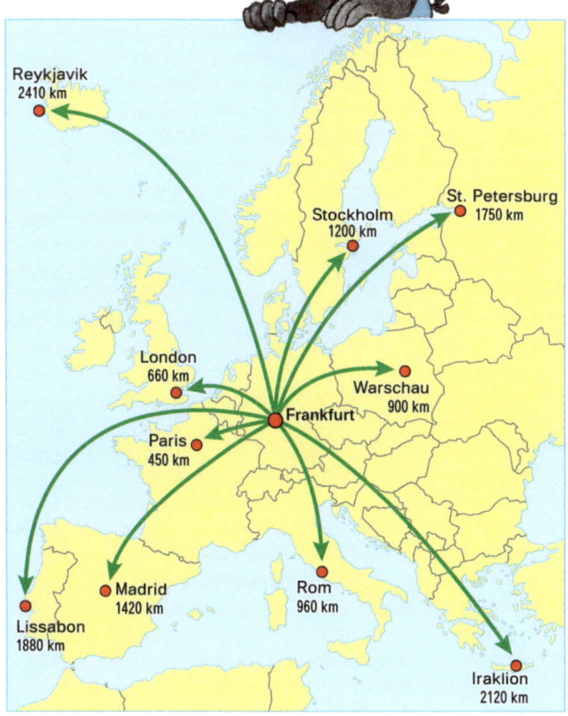

a) Wie viele Kilometer fliegt das Flugzeug an diesem Tag?

____

b) Wie lange dauert der Flug von Frankfurt nach Iraklion ungefähr?

____

c) Vor dem ersten Flug war das Flugzeug vollgetankt. Vor welchem Flug muss spätestens wieder getankt werden?

____

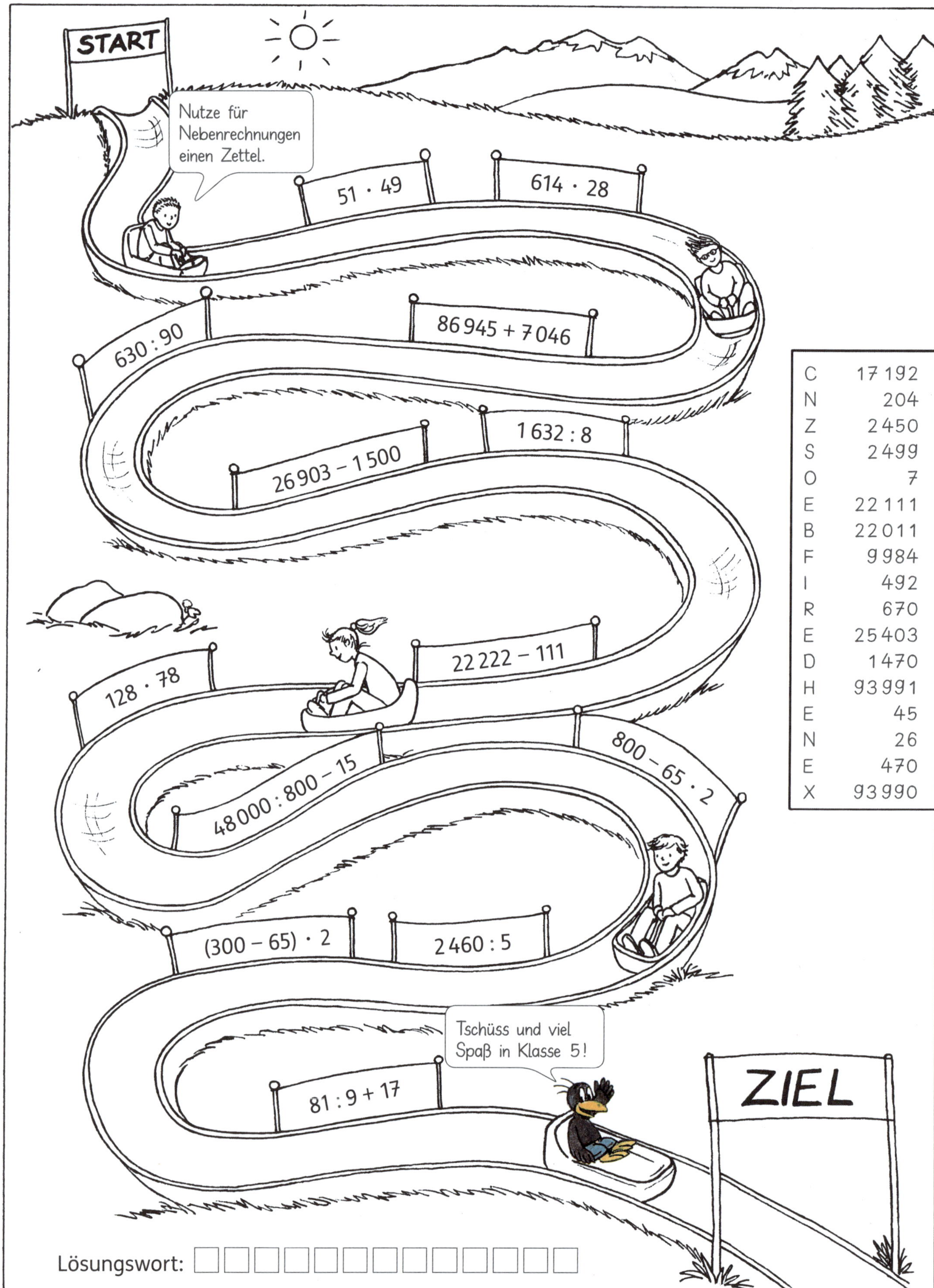

C	17192
N	204
Z	2450
S	2499
O	7
E	22111
B	22011
F	9984
I	492
R	670
E	25403
D	1470
H	93991
E	45
N	26
E	470
X	93990

Lösungswort: ☐☐☐☐☐☐☐☐☐☐☐☐☐